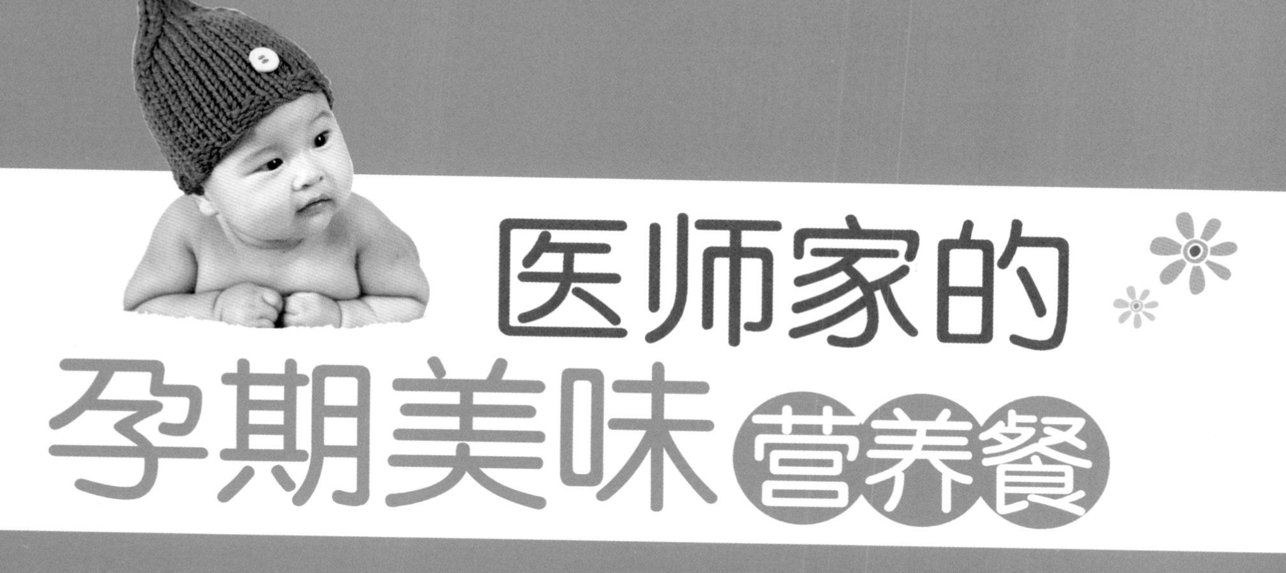

医师家的孕期美味营养餐

王金茹　徐蕤／著

中国妇女出版社

图书在版编目（CIP）数据

医师家的孕期美味营养餐 / 王金茹，徐蕤著. — 北京：中国妇女出版社，2015.1

ISBN 978 - 7 - 5127 - 0927 - 0

Ⅰ. ①医… Ⅱ. ①王… ②徐… Ⅲ. ①孕妇—妇幼保健—食谱 Ⅳ. ①TS972.164

中国版本图书馆CIP数据核字（2014）第165256号

医师家的孕期美味营养餐

作　　者：王金茹　徐蕤　著
选题策划：魏　可
责任编辑：魏　可
责任印制：王卫东
出　　版：中国妇女出版社出版发行
地　　址：北京东城区史家胡同甲24号　　邮政编码：100010
电　　话：（010）65133160（发行部）　65133161（邮购）
网　　址：www.womenbooks.com.cn
经　　销：各地新华书店
印　　刷：中国电影出版社印刷厂
开　　本：185 × 235　1/12
印　　张：19
字　　数：256千字
版　　次：2015年1月第1版
印　　次：2015年1月第1次
书　　号：ISBN 978 - 7 - 5127 - 0927 - 0
定　　价：39.80元

序言

Foreword

孕育一个健康的宝宝是每个家庭的企盼，更是人类对于社会的重要责任，从备孕开始要经过一个较长的时间来完成这个重任。其中包含了思想准备、身体准备、物质准备，缺一不可。目前我国“单独”二胎政策的放开，加之首批独生子女们进入了生育高峰。相对而言，他们的工作繁忙，动手能力较差，平时对饮食上不太注意，他们面对这个阶段的变化往往束手无策。作为一个老医务工作者，我和我的女儿编写了一套食谱，为年轻的准妈妈、孕妈妈们提供一些参考。用我所了解的医学常识，根据她们特殊时期的生理需求，精心地制作了这本孕期餐谱。这本书都是以家常饭菜为主，其中还增加了一些甜点的制作方法，操作的条件不苛刻，简便且易学，年轻的准爸妈不妨在家中试一试。在家做饭不但会在健康上受益，还会增加生活上的情趣，一举两得。

女性在妊娠期这个特殊时段的生理变化,使女性不但会产生情绪上的改变，同时，饮食结构和营养需求也随之产生一系列的变化。本书分别从备孕期、孕早期、孕中期和孕晚期四个时段具体阐述了各个时期对营养的需求，并对常见的医学知识和准妈妈所关心或疑惑的问题进行了详述，旨在帮助更多的准妈妈在孕期能明明白白地吃，健健康康地吃，顺利孕育一个健康的宝宝。随着时代的进步，观念的更新，很多女性意识到，并不是把自己的体重吃上去才能生出健康的宝宝。本书关于孕妇的体重管理和每日热量的需求也做出了说明，在饮食搭配上，不但要保证充足的营养，更要让准妈妈的膳食结构合理化，体重增长适度，为产后重回职场提前做好准备。总之，希望更多的女性运用科学知识来平稳度过孕期，做一个健康快乐的准妈妈！

此书在筹备之初恰逢我的小女儿怀孕，虽然她也是一名非常优秀的临床医生，但初次经历人生中这一奇妙旅程的她在感到兴奋的同时也一定会略有不安，身为母亲的我也一定要为她保驾护航。本书中菜品可能相对都比较家常，但每一道都出自妈妈的手，女儿也正是吃着妈妈味道的菜愉快地度过了不适的孕初期、体重飞涨的孕中期和需要能量又要控制体重的孕晚期，直到顺利地生产。

马年正月初八的清晨，第一场雪如约而来。窗外的雪花满天飞舞，产房内传来了小外孙阳阳第一声嘹亮的哭声。现代医学的进步使产妇的风险大大降低，但我还是一直等到护士的脚步声越来越近后，才轻轻地松了口气。是啊，作为母亲的心情只有自己才能明白，母与子都平安是这一刻我最开心的事。我亲爱的女儿，恭喜你也成为了妈妈，愿你在今后的日子里与孩子共同快乐欢笑、共同成长。当你遇到困难时不要害怕，要勇敢地面对，我和爸爸都会陪伴在你身边。我亲爱的小外孙阳阳，也谢谢你带给全家无限的喜悦和幸福，祝你在阳光雨露的沐浴下健康成长每一天！此刻，雪后的阳光分外炫目，正如阳阳这个名字，充满了朝气，让人期待。

王金茹

前言

Preface

渐渐人到中年的我，从事临床工作十余年了。曾经忙碌的工作让我的三餐极不规律，从而导致自己患上了多种疾病。除了吃药和休息，我意识到规律的三餐和合理的饮食是保障健康的重要因素。于是我开始学习烹饪和烘焙，慢慢地我发现烹饪和烘焙带来的乐趣不仅可以释放工作带来的压力，更可以保证自己和家人身体的健康。

在撰写这本书的时候，我正经历着人生的一个特殊时期——怀孕。这本书中大部分的菜品都是我在孕期常吃的。作为一名医务工作者，书中不但从医学专业角度向年轻的准爸准妈们讲解了关于整个孕期常见的医学知识和热点问题，同时也向大家展示了我的孕期心路历程。制作菜品的过程也大大缓解了我在孕期的一些不良情绪。

美食，可以缓解压力，改善情绪，也可以调剂夫妻感情。在整个孕期，由准爸爸和准妈妈一起动手制作又营养又美味的饭菜，可以让准妈妈吃得健康、吃得开心。同时，丰富的营养摄入可以改善准妈妈和胎宝宝的健康状况，为胎宝宝的成长发育打下坚实的基础，也为准妈妈做好生产的体力准备。

这本书中的所有菜品，都是我家餐桌上的家常便饭，没有华丽的菜名，也没有精雕细琢的摆盘和布景，但却充满着家的味道。我的妈妈一生辛劳，为了让我和姐姐茁壮成长，在平日饮食上可谓费尽心机。她大半生积攒下来的美食制作技巧及营养搭配都在这里，如今她的经验已经传给我和我的姐姐，我们希望更多的人可以感受这份家的温暖，可以尝到家的味道，可以享受健康人生。也希望更多的准妈妈在孕期保持快乐的心情和健康的身体，孕育一个健康漂亮的宝贝。

在这本书的撰写过程中，我得到了很多人的帮助。首先感谢我的母亲和姐姐，她们在我怀孕期间不但给予我无微不至的关怀，而且在菜品的制作和食材的准备上给予我极大的帮助。其次，感谢我的父亲在摄影方面给我提出的指导意见。感谢我的亲友谢之光、李益民、李凌、赵雅娟、王益明、薛世财、徐春荣、薛捷、杜洪杰、王倩、姚国滟、张昌、杨兴慧、朱锐、王海滨、苗莆，谢谢你们的支持和鼓励！最后要隆重感谢的是本书的编辑魏可女士，感谢她为本书所贡献的一切。

这是我第一次撰写书，一定会存在很多的不足，还望广大读者朋友给予批评指正。

吃，是人类生存每天必不可少的环节。怎么吃才吃得健康、吃得营养，是当今社会人们所关注的焦点。而作为现代社会忙碌的职业女性，在怀孕这个特殊时期不但要保证孩子的健康生长，更要让自己在产前及产后拥有健康的体魄和苗条的身姿。希望更多的准妈妈加入到我们之中，做一个健康的辣妈。

徐　蕤

目录

Contents

孕中期营养全知道………… 91

备孕期营养全知道

一、你需要知道的医学常识

胚胎的形成是由爸爸的精子和妈妈的卵子相结合产生的，所以精子和卵子要分别在准爸爸和准妈妈的体内茁壮成长，才能诞生一个健康的受精卵。在备孕期间，不但需要准妈妈合理膳食及适量运动，准爸爸的责任也很重大。想要一个健康的小宝宝，就要先打好基础，当一切条件准备就绪的时候，小宝宝自然会来到我们温暖的小家庭中。

首先，在备孕期间，应该制订一份详细的优生计划，保证每天健康营养的饮食。同时应该坚持体育锻炼，特别是久坐办公室的准爸爸、准妈妈们。只有健康的生殖系统，才能保证健康的宝宝诞生。吸烟、酗酒是危害宝宝的两大“杀手”。

其次，准妈妈们应该在怀孕前到妇科门诊做详细的备孕检查，如果存在生殖系统炎症则需要及时治疗，如果存在多发的子宫肌瘤则需要跟专科医师咨询是否适合怀孕。因为多发的或者较大的子宫肌瘤容易造成流产等不良后果，所以必要时应该密切监控或在孕前得到有效的处置，以免发生母婴危险。

养宠物的家庭，除了要给自己的宠物定期防疫驱虫外，也应该在备孕期到医院接受弓形虫的相关检查，以避免畸形宝宝产生或发生流产等风险。

存在乙肝携带风险的准妈妈，除了要到医院进行一次复查，同时要在整个怀孕过程中跟自己的妇产科医师保持密切联系，必要情况下，应该到专科医院进行整个孕期的监测及最后的生产。

二、必不可少的营养补充

成年女性的营养需求

我们所需要的各种营养成分其实都可以从我们每天的饮食中获得，科学合理地安排每天三餐，不但可以帮助我们补充所需的能量，还可以让我们更健康。对于想要宝宝的女性来讲，更要合理地安排饮食，为成功妊娠提供条件。

人类的食物多种多样，总体来讲大致可分为五类：第一类是谷类及薯类，第二类是动物性食物，第三类是豆类和坚果，第四类是水果、蔬菜和菌藻类，第五类是纯能量食物。各类食物营养成分含量各有侧重，其中谷类和薯类可以提供碳水化合物、蛋白质和B族维生素；动物性食物是蛋白质和脂肪的很好来源；豆类和坚果可以提供矿物质和维生素；蔬菜、水果可以在提供多种营养素的同时又提供膳食纤维；而纯能量的食物，如动植物油、糖、淀粉等可直接供能。所以，对于食物而言只有多样选择、合理搭配才能保证我们的膳食合理、营养均衡。

中国营养学会编著的《中国居民膳食指南》为我们普通人群提供了饮食10条建议。

1. 食物多样，谷类为主，粗细搭配。
2. 多吃蔬菜、水果和薯类。
3. 每天吃奶类、大豆或其制品。
4. 常吃适量的鱼、禽、蛋和瘦肉。
5. 减少烹调油用量，吃清淡少盐膳食。
6. 食不过量，天天运动，保持健康体重。
7. 三餐分配要合理，零食要适当。
8. 每天足量饮水，合理选择饮料。
9. 如饮酒应限量。
10. 吃新鲜卫生的食物。

针对每天的饮食同时还给出了每日食物量的精确数据。

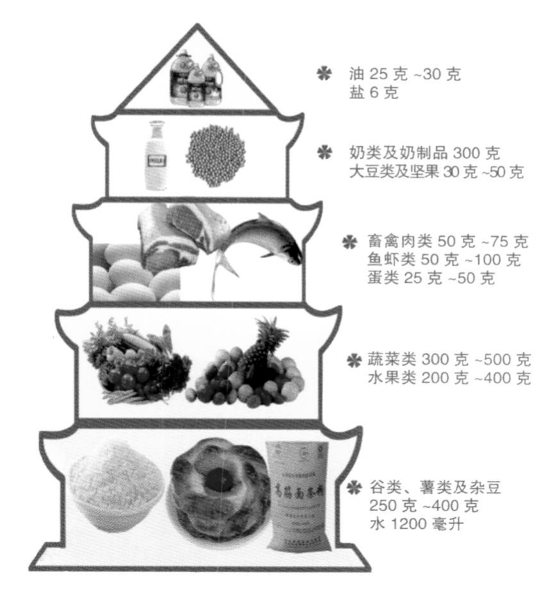

中国居民的膳食宝塔

每日饮食种类及数量

类别	食物种类	数量
第一类	水	1200 毫升
	谷类、薯类及杂豆	250 克 ~400 克
第二类	蔬菜类	300 克 ~500 克
	水果类	200 克 ~400 克
第三类	畜禽肉类	50 克 ~75 克
	鱼虾类	50 克 ~100 克
	蛋类	25 克 ~50 克
第四类	奶类及奶制品	300 克
	大豆类及坚果	30 克 ~50 克
第五类	油	25 克 ~30 克
	盐	6 克

以上每条对于我们成年女性来讲都非常适用，针对成年女性，我们可以参考下面的数据更精准合理地安排每日的饮食。

成年女性每日饮食种类及数量

食物种类	能量水平	
	城市女性 7550 千焦（1800 千卡）	农村女性 9200 千焦（2200 千卡）
谷类	250 克	300 克
大豆类	30 克	40 克
蔬菜	300 克	400 克
水果	200 克	300 克
肉类	50 克	75 克
乳类	300 克	300 克
蛋类	25 克	50 克
水产品	75 克	75 克
油	25 克	25 克
盐	6 克	6 克

同时，保证一日三餐定时定量尤为重要。合理分配三餐，不要因为工作太忙而忽略早餐，又因工作太晚压力大而在晚餐时暴饮暴食，这些都是很不健康的习惯。养成健康的饮食行为是保证营养摄入均衡的前提，平日里我们可以按照早餐 25%~30%、午餐 30%~40%、晚餐 30%~40% 的比例进行安排，其间适当地选择一些零食作为三餐的补充。

如果想要保持身体的健康，不但要合理饮食，适量的运动也是必不可少的。如果运动量不够，多余的能量就会在体内以脂肪的形式积存，直接造成超重或肥胖，这也是阻碍适龄女性成功受孕的主要因素之一。《中国居民膳食指南》中给出了每日 6000 步的运动建议。我们可以根据自身的体质和所能承受的运动量合理地安排，例如，除日常工作、家务和出行，再安排些跑步、游泳、打球等活动。总之，食物为人体提供了能量，运动又消耗掉这些能量，只有保持平衡，才能使能量在满足人体需要的同时，又不会给身体造成负担使体内能量过剩。

备孕时应注意的营养问题

合理的膳食和均衡的营养是成功妊娠所必需的健康保障之一。在怀孕时，胚胎的营养是直接从子宫内膜储存的养料中摄取的，而子宫内膜的营养成分是在孕前就形成了的，所以建议在怀孕前 3~6 个月就应该开始接受合理膳食和健康生活方式的指导，调整营养、健康状况，建立良好的生活习惯，使身心均达到最佳的状态，帮助妊娠成功。备孕阶段的饮食安排遵循了成年女性营养提示中所建议的方法，另外还要注意以下 6 点。

1. 多摄入富含叶酸的食物，及时补充叶酸

叶酸是一种水溶性维生素，是促进胎宝宝神经系统和大脑发育的重要物质，一定剂量的叶酸能够降低胎儿神经管畸形的发生，比如脊柱裂等。叶酸也可以降低其他先天畸形和新生儿缺陷的发生概率。由于其补充剂比食物中的叶酸更易吸收，所以专家们建议至少在孕前的 3 个月就应开始每日补充 400 微克的叶酸，在备孕期间多食用富含叶酸的食物对于整体的叶酸补充会非常有帮助，所以还是建议想要宝宝的朋友们多食用富含叶酸的食物，如深绿色蔬菜、豆类等。目前市售的很多孕妈妈复合型专用维生素里都含有标准计量的叶酸，方便又安全。

叶酸含量丰富的食物

种类	食物名称	含量（微克 /100 克）
蔬菜	茴香	120.9
	蒜苗	90.9
	菠菜	87.9
	豌豆	82.6
	豇豆	66.0
	韭菜	61.2
	小白菜	57.2
坚果	花生	107.5
	核桃	102.6
肉、蛋、禽类	猪肝	425.1
	鸭蛋	125.4
	鸡蛋	70.7
豆及豆制品	黄豆	181.1

2. 常吃含铁丰富的食物

孕前良好的铁营养补充是成功妊娠的必要条件之一。孕前期如果缺铁容易导致早产、母体体重增加不足和增加新生儿低体重的风险，保证充足的铁摄入可以避免这一情况的发生。含铁丰富的食物有动物血、肝脏、瘦肉、黑木耳等。维生素 C 可以帮助人体更好地吸收铁元素，所以同时适量食用维生素 C 含量多的食物会更有益处。

铁含量丰富的食物

种类	食物名称	含量（毫克 /100 克）
海产品及藻类	紫菜（干）	54.9
	蛏子	33.6
	河蚌	26.6
	蛤蜊（均值）	10.9
肉、蛋、禽类	鸭血	30.5
	鸡血	25.0
	鸭肝	23.1
	猪肝	22.6
	鸡肝	12.0
菌类	木耳（干）	97.4

3. 保证摄入加碘食盐，适当增加海产品的摄入

碘是人体所必需的微量元素之一。碘的缺乏会直接引起甲状腺素合成减少或甲状腺功能减退，由此会导致新生儿出生缺陷，增加发生克汀病的危险性。所以建议在食用碘盐之外，每周可食用一次富含碘的海产品，如海带、紫菜、鱼虾、贝类等。

4. 充足的钙质是母体和胎儿健康的保障

现代社会有很多高龄产妇，很多人高强度的工作压力。很多人在饮食结构及习惯上偏离正常有营养的轨道，从而导致缺钙。当怀孕后，由于要同时供给母体及胎儿钙质的吸收，就会造成一部分准妈妈严重的缺钙，不但自身经常出现抽筋等不适症状，也会对宝宝的骨骼发育及牙齿发育造成不良的影响。所以在备孕期间，应该在饮食上加以调节，注意加强含钙食物的摄入，比如牛奶、豆浆、豆腐和虾皮等。

钙含量丰富的食物

种类	食物名称	含量（毫克 /100 克）
海产品及藻类	紫菜（干）	264
	海虾	146
	蛤蜊（均值）	138
菌类	木耳（干）	247
蔬菜	油菜	108
	豌豆	97
	芹菜	80
奶类、豆类及制品	豆腐干	308
	黄豆	191
	豆腐花	175
	鲜牛奶	104

5. 多摄入含锌食物

适量的锌元素可以加强宝宝的脑部发育。同时锌元素还可以对生殖细胞的生成产生良好的促进作用。准妈妈缺锌会导致自身免疫力降低，发生食欲减退及消化不良等不适。但是在备孕期间，并不需要特意吃药补充，只需要调节我们的饮食结构，适量摄入一些含锌食物即可，比如牡蛎、鱼、肉等。

6. 戒烟、禁酒

夫妻一方或双方经常吸烟或饮酒都会增加新生儿畸形的风险。经常性的吸烟或饮酒不仅会影响精子或卵子的发育，造成精子或卵子的畸形，还会影响到受精卵的顺利着床和发育，加大流产的风险。所以，建议计划怀孕的夫妻在怀孕前 3~6 个月停止吸烟和饮酒，女性要远离吸烟的环境，减少被动吸烟的伤害。

总之，在备孕期间准妈妈要注意饮食的均衡，不应该挑食，并适当补充叶酸、钙、铁、锌、碘等各种常量、微量元素，做好怀孕前的准备。这些营养素存在于各种食物中，通过均衡的饮食就可以足量摄取，保证母体的营养。

附：一日食谱参考

餐次	食谱	数量	热量（千焦估值）
早餐	面包	50克	654
	鲜牛奶	220毫升	540
	煮鸡蛋	50克	300
	凉拌黄瓜	100克	64
加餐	橙子	150克	300
午餐	红豆米饭	120克	756 （大米486+红豆270）
	肉丝炒蒜苗	150克（蒜苗100克+肉丝50克）	1040 （蒜苗340+肉丝700）
	豆干炒青笋	140克（青笋100克+豆干40克）	298 （青笋62+豆干236）
	西红柿鸡蛋汤	100克 （水50克+西红柿25克+鸡蛋25克）	192 （西红柿42+鸡蛋150）
加餐	酸奶	75毫升	225
	香蕉	100克	480
晚餐	全麦馒头	50克	494
	小米粥	100克	190
	红烧带鱼	100克	500
	素什锦	100克	200
合计			6233
总能量摄入	6233千焦+油、盐等调味品为7500千焦 （30克花生油的热量为1100千焦）左右。		

注：1千焦=0.239千卡

在加餐时应注意以下几点：根据正餐摄入能量和个人体能的情况选择是否需要加餐以防能量摄入过多。如果加餐，尽可能多选择水果、奶制品、坚果类食品。如选择坚果类食品要注意不宜食用过多，因其脂肪含量高，最好控制在每周50克左右。选择加餐的时间要在两餐之间，晚餐后最好不再添加。

三、准妈妈的疑虑

Q&A

关于咖啡因

忙碌的工作和生活压力，使得很多准妈妈都有喝咖啡或大量浓茶的习惯。国外的一项研究表明，怀孕期间摄入过量咖啡因，可能会造成流产或胎儿出生体重过轻。在怀孕前的3个月，每天饮用3杯或以上的咖啡或茶，会使流产的概率高出1倍。咖啡因会加快胎儿的心率，减少进入子宫的血流，导致胎儿缺氧的不良反应发生。此外，可乐等碳酸饮料，均属于升糖指数较快的饮料。会迅速导致体内血糖升高，增加妊娠合并糖尿病的发生概率。在备孕阶段，如果准妈妈有喝咖啡或碳酸饮料的习惯，应该逐渐减少摄入量直至停止饮用。可可含量较高的巧克力也是同样的道理，应当适量减少。

关于吸烟与二手烟

和咖啡因过度摄入同理，如果准妈妈吸烟，由于体内尼古丁含量升高，迅速进入血液循环，使血液及营养成分流入子宫的量大幅减少，增加了胎儿宫内缺氧的可能。从而导致胎儿发育迟缓及低体重儿的产生。二手烟也是同样的道理，在孕期过程中，不管是准妈妈吸烟或吸入二手烟，有害物质都可以通过脐带血流入宝宝体内。所以，为了一个健康的宝宝，请你和你的爱人在备孕期间戒掉香烟。

关于生活环境中的有害因素

现代社会的日常生活中，我们不可避免地会接触到各种各样的化学制剂、美容产品等，很多临床研究报告指出，这些物质与导致胎儿畸形是密切相关的。比如理发店的烫发、染发产品、美甲店的洗甲水和指甲油，还有一部分装修涂料，都会对胎儿产

Q&A

生不良影响，在备孕期间，应该停止使用和避免接触。大城市过度的空气污染和汽车尾气，也应该适当避免。在备孕期间，多到郊外走一走，不但可以呼吸新鲜空气，更可以晒晒太阳，加强钙质吸收。此外，如果工作环境中经常接触到铅印、石棉、显影剂，在整个孕期都应该避免和这些物质长时间接触。医院的放射科医生或经常和 X 射线接触的相关人员都应该在备孕期间及整个怀孕过程中避免接触有害射线，必要时应该更换工作岗位。

关于既往不良孕产史

一部分准妈妈在本次计划怀孕之前，曾有过这样或那样的不良孕产史，比如宫外孕、流产等。所以，在这一次计划妊娠之前，会格外担心再次发生不良事件。其实，在备孕阶段，充分的心理调整和积极的孕前检查是可以避免上述风险的。如果既往有过不良孕产史，在备孕阶段就需要到正规医院的妇产科就诊，让专科医师为你安排一系列的检查，比如 B 超、宫颈刮片、病毒学检测甚至输卵管造影等，当确定这些“硬件条件”没有问题的时候，我们就需要调整心理状态及情绪，营造一个积极的心态，迎接新生命的到来。

关于孕前的体重管理

谈恋爱和结婚初期的时候，由于爱美，很多女性常常通过控制饮食来控制自己的体重，保持良好的体形。但是，如果体重过低，虽然看起来美丽了，却会造成受孕困难甚至不孕的发生。所以在怀孕前，准妈妈应该根据自身情况适当调节自己的饮食结构，不能过度减肥，应该保证规律且有营养的三餐，保证营养物质的充足摄入。给宝宝的孕育营造一片健康的“土地”。相反地，如果准妈妈的体重超标，也会对怀孕造成不利影响。很多研究表明，女性过度肥胖容易造成体内内分泌失调，一部分人还会存在月经失调，导致怀孕困难。所以，体重超标的准妈妈在备孕期间应该严格控制饮食，并结合适度体育锻炼，调整身体机能，如果确实存在月经周期紊乱则需要到妇产科门诊进行女性激素检测、妇科 B 超等相关检查来明确病因，必要时给予药物治疗。这里

Q&A

说的严格饮食控制，是指在热量摄入上给予管理，避免过多油炸食品、碳酸饮料等食物的摄入，但是仍然要保证每天充足的维生素和蛋白质摄入。

临床通常用 BMI 来衡量人体的体重指数。BMI，是 Body Mass Index 的缩写，代表身体质量指数。计算方法是：BMI= 体重（千克）÷［身高（米）］^{2}。比如某位准妈妈身高 1.65 米，体重 62 千克，那么根据 BMI 的计算方法 $62 \div 1.65^2=22.77$，这位准妈妈的 BMI 指数属于正常范围。

BMI 的临床意义：

过轻：低于 18.5

适中：20~25

过重：25~30

肥胖：30~35

非常肥胖：高于 35

我们可以通过计算自身的 BMI 来判断自己的体重指数，从而在备孕期间努力调整到最佳阶段。当然，这个指标准爸爸也同样适用哦。

四、备孕期美味营养餐

爽口凉菜

菠菜老醋花生

主料：菠菜150克、花生50克

调料：香油少许、盐3克、醋少许

做法：

① 菠菜洗净，切成寸段，锅中加入适量的水，焯水后捞出备用。

② 锅中放入适量的食用油，在油温还凉时加入花生，小火炒至花生变色后盛出备用。

③ 准备一只干净的碗，放入焯好的菠菜、花生。

④ 碗中放入适量的香油、盐、醋，拌匀成盘即可。

营养贴士：菠菜中铁、钾元素含量相当高，同时还含有丰富的维生素K、维生素A。但由于菠菜中含有草酸，与其他食物中的钙结合会形成草酸钙，所以建议将菠菜置于沸水中焯后滤掉汤汁制作。花生中的钙、钾含量也很丰富，加入适当的醋和调味品拌成凉菜食用不但可以补充多种微量元素，还可起到增加食欲的作用。

黄豆花椒芽

主料：干黄豆 20 克、鲜花椒芽 100 克

调料：盐 3 克

做法：

① 干黄豆洗净用清水泡发（一般情况干黄豆的泡发都比较长，需要 10~12 小时）。

② 鲜花椒芽择好洗净，锅中放入适量的水，水开后加入花椒芽，中火煮 5 分钟左右捞出，盛出后迅速过凉水盛在盘中备用。

③ 锅中再次放入适量的清水，将泡发好的黄豆放入水中，中火煮五六分钟关火，捞出盛入放花椒芽的盘中，加入适量的盐拌匀即可。

营养贴士：黄豆的营养价值非常全面，它不但富含蛋白质、脂肪，还含有丰富的钙、磷、镁、铁、锌等微量元素。同时，大豆蛋白的氨基酸组成和动物蛋白类似，比较接近人体需要而且更容易被人体所吸收，是一种很理想的食材。花椒芽是花椒树发芽期的芽叶，有淡淡的麻香，开胃爽口，与黄豆拌成凉菜独具风味，营养丰富。

酱牛肉

主料：牛腱肉 500 克

配料：葱几段、姜 3 片、八角 1 个、花椒几粒、小茴香几粒、桂皮 1 小片

调料：盐 5 克、白糖少许、生抽 2 汤匙、老抽 1 汤匙、料酒 1 汤匙

做法：

① 牛腱肉洗净，葱、姜洗净切块。

② 将牛腱肉放入干净的盆中，加入葱、姜块，依次加入八角、花椒、小茴香、桂皮。

③ 将适量的盐、白糖、生抽、老抽、料酒加入盆中，均匀地涂抹在牛腱肉上，腌 40 分钟左右。

④ 将腌好的牛腱肉连同所有的配料和调料放入锅中，直接加热。

⑤ 将肉飞水后，加入适量的热水炖开。

⑥ 如使用压力锅，中火加热 30 分钟左右；如使用普通锅，加热 1 个半小时左右。

⑦ 将煮好的牛腱放凉后切片装盘即可。

营养贴士：牛肉蛋白质含量高、脂肪含量低，牛肉中含有的丰富的蛋白质和氨基酸可帮助准妈妈提高免疫力，防治下肢水肿。在食用时还可适当地加入醋，增加准妈妈的食欲。

凉拌穿心莲

主料：穿心莲 250 克、小水萝卜 3 个 ~4 个

调料：盐 3 克、橄榄油 1 小勺、醋少许

做法：

① 穿心莲去掉根部比较老的部分，洗净后控干水分。

②小水萝卜洗净,切薄片。

③ 将穿心莲和切好的小水萝卜片放入碗中，倒入少许橄榄油和醋，调入盐，搅拌均匀即可。

黄瓜鸡丝

主料：鸡胸肉 150 克、黄瓜 1 根、芝麻少许

调料：大料 1 个、生抽 1 勺、盐 3 克、醋少许、香油少许、辣椒油少许

做法：

① 锅中放清水，加入 1 个大料。

② 放入鸡胸肉，小火煮开，继续炖煮至鸡胸肉熟烂。

③ 捞出鸡胸肉，放凉后用手撕成细丝。

④ 黄瓜洗净，切细丝，和鸡胸肉一同放入碗中。

⑤ 调入适量盐、醋、生抽和香油，最后撒上芝麻。

⑥ 可根据个人喜好及口感调入适量辣椒油。

爽口笋丝

主料：青笋 150 克、少许红椒

调料：香油少许、盐 2 克

做法：

① 青笋、红椒切丝备用。

② 准备 1 只干净的碗，放入青笋丝和红椒丝。

③ 碗中放入适量的香油、盐，拌匀盛盘即可。

营养贴士：青笋学名莴苣，为菊科植物，营养成分含量高，富含多种维生素和食物纤维，能增强胃液分泌、刺激消化和增进食欲。同时由于青笋中所含的铁元素容易被人体吸收，所以准妈妈食用还可以帮助预防缺铁性贫血的发生。

手撕长豆角

主料：长豆角（豇豆）250 克

配料：葱花少许、大蒜 5~6 瓣、干辣椒 3 个

调料：生抽 1 汤匙、盐 3 克

做法：

① 长豆角洗净，控干水分，用手随意撕成 4 厘米 ~5 厘米的小段。

② 大蒜剥好、洗净，控干水分，切两半备用。干辣椒洗净，控干水分备用。

③ 锅中加入适量食用油，烧热后，将长豆角放入，煸炒 10 分钟左右，逐渐煸出水分，长豆角表皮发皱后盛出备用。

④ 锅中重新放入少许油，加热后放入葱花、干辣椒及蒜瓣炒香，然后加入长豆角翻炒。

⑤ 调入生抽、盐入味，翻炒均匀。

Tips：可根据个人口味省略辣椒调味。

麻酱油麦菜

主料：油麦菜 250 克、黄瓜 1 个

调料：芝麻酱 50 克、盐 2 克、醋 1 勺、生抽 1 勺

做法：

① 油麦菜反复清洗干净，冷水浸泡半小时后取出，控干水分。

② 黄瓜洗净，削薄片。

③ 油麦菜切成整齐的段，将黄瓜片裹在油麦菜外。

④ 芝麻酱内调入适量生抽、醋和盐，搅拌均匀，食用前浇在制作好的油麦菜上。

营养贴士：油麦菜含有丰富的膳食纤维，准妈妈进食后可以促进肠道蠕动，缓解由孕期引起的排便不畅。但应该注意，生食蔬菜要充分清洗浸泡干净。

可口热菜

川香麻辣鸡翅中

主料：鸡翅中 10 个

调料：香叶 2 片，干辣椒 5~6 个，麻椒、花椒各 1 小把，葱段少量，姜 2 片，生抽 2 汤匙、老抽 1 汤匙、冰糖几块、盐 5 克、料酒少许

做法：

① 鸡翅中用水洗净，稍微控水，表面划两刀以利于入味。

② 炒锅放入适量油，加热后放入葱段和姜片炝锅。

③ 加入鸡翅翻炒，至表面变成金黄色。

④ 加入开水，煮开后加入香叶、麻椒、花椒、辣椒、老抽、生抽、冰糖和料酒少许。

⑤ 再次开锅后转小火，加入盐适量，炖煮半小时以上，至汤变浓稠关火。

营养贴士：很多准妈妈们由于孕期消化道反应，口味发生了变化，喜欢吃一些重口味的食品，其实并不是绝对不可以。菜品中加入适量的辣椒可以调节口感，增加食欲。但是在日常饮食中需要注意的是应该适量，且如果出现牙龈肿痛、大便秘结等“上火”的表现，应该暂停辛辣饮食，多摄入水果及蔬菜。

红烧肉

主料：五花肉（2 斤左右）

调料：姜 3 片、大葱几段、大料 4 粒、花椒 30 粒、桂皮 1 小块、盐 8 克、料酒 1 汤匙、酱油 1 汤匙、砂糖 20 克

做法：

① 五花肉洗净，切成 4 厘米 x3 厘米见方的块，放入冷水锅中，中火煮沸后关火，控水备用。

② 姜切片、大葱切寸段备用。

③ 锅微热后放入少许食用油和砂糖，中小火翻炒。

④ 锅中糖油炒至变色后，改小火，放入控好的五花肉翻炒至肉均匀地染上糖色。

⑤ 放入姜片、葱段、花椒、大料、桂皮和适量的料酒和酱油稍做翻炒。

⑥ 锅中加入开水和适量的盐，改中火炖煮 40 分钟左右后改为大火收汤。

⑦ 汤汁收浓后关火出锅。

营养贴士：猪肉中含有丰富的蛋白质和脂肪，是日常生活中的主要副食来源，可以补虚强身、滋阴润燥。制作红烧肉所选用的是肥瘦相间的五花肉，由于肉块遇急剧的高温，会使肌纤维会变硬，所以不要用旺火猛炖，同时由于五花肉脂肪含量高，建议每餐食用 100 克 ~150 克为宜。

芹菜炒腊肉

主料：芹菜 1 根、腊肉 150 克

配料：胡萝卜几段、大葱几段

调料：盐 4 克、生抽 1 汤匙

做法：

① 芹菜去叶、洗净，切成小段，腊肉切成薄片备用。

② 大葱切细段，胡萝卜去皮，切少许片备用。

③ 锅中放入少许食用油，放入葱段和腊肉片，加入适量生抽，中火炒 2~3 分钟煸出香味。

④ 放入芹菜段和胡萝卜片，中火再翻炒 2~3 分钟后，加入适量的盐炒匀出锅。

营养贴士：芹菜含有丰富的 B 族维生素和钙、磷、铁、钠等矿物质，同时还含有丰富的膳食纤维，可缓解便秘。腊肉是由带皮的五花肉腌制而成，具有猪肉中所含的营养成分，搭配芹菜炒制味道鲜美开胃。但由于是腌制食品，食用时要控制量，不要过多地食用。

青蒜小炒肉

主料：青蒜三四根、五花肉 200 克

配料：葱少许

调料：盐 4 克、糖少许、生抽 1 汤匙、老抽 1 汤匙、料酒少许、豉汁少许、生粉少许

做法：

① 青蒜洗净，切成寸段，五花肉切成薄片，葱切细段备用。

② 准备 1 个干净的碗，放入料酒、生抽、老抽、盐、糖、豉汁、生粉，调成碗汁备用。

③ 锅中放入少许食用油，放入肉片煸出油后盛出备用。锅中再放入适量的油，加入葱段炒香后加入青蒜段，中火翻炒 2~3 分钟。

④ 放入肉片和碗汁，大火翻炒 1~2 分钟后出锅。

营养贴士：青蒜是大蒜的花薹，包括薹茎和薹苞两部分，富含维生素 C、蛋白质、胡萝卜素、硫胺素和核黄素，同时，它也含有可以燃脂的辣素，辣素不但可以燃脂，食用还可提高人体免疫力，起到预防流感的功效。配合五花肉炒制美味可口，既可提供充足的动物脂肪，又可避免脂肪摄入量过高。

海带笋干红烧肉

材料：五花肉 500 克，笋干、海带各适量

调料：生抽 1 汤匙，冰糖、盐各适量

做法：

① 五花肉切四方块，冷水入锅，中火加热，使血沫析出。

② 笋干和海带提前清洗并浸泡后待用。

③ 捞出焯水后的五花肉，控干表面水分。

④ 炒锅中放入食用油，烧热后加入冰糖并不断翻炒，炒出焦糖色。

⑤ 下入五花肉，大火翻炒至上色。

⑥ 锅中加入开水，烧至滚开后，加入生抽、笋干及海带炖煮 1 小时。

⑦ 调入适量盐，炖煮 10 分钟后关火。

营养贴士：所谓的优质蛋白，来源于日常我们所食用的动物类产品，比如肉类、蛋类及海产品类。海带的营养价值很高，富含蛋白质、脂肪、碳水化合物、膳食纤维、钙、磷、铁、胡萝卜素、维生素 B_1、维生素 B_2、烟酸以及碘等多种微量元素。每 100 克海带中含有 300 毫克 ~ 700 毫克碘。碘是一种人体必需的微量元素，是合成甲状腺素的重要原料，产妇由于需要哺乳，更应该注意微量元素的均衡摄入，以保证宝宝的健康。

香菇鸡丁

主料：香菇3朵、芹菜半根、胡萝卜半根、鸡胸肉100克

配料：姜、葱各少许

调料：盐4克、生抽1汤匙、干淀粉少许

做法：

① 鸡胸肉洗净切成2厘米见方的块，加入少许盐和干淀粉，拌匀腌制备用。

② 将香菇、芹菜和胡萝卜切成与鸡肉大小相似的块。

③ 姜、葱切丝备用。

④ 锅微热后放入食用油，加入姜丝、葱丝炒出香气后，将鸡肉放入锅中翻炒。

⑤ 鸡肉炒至七成熟后加入适量生抽翻炒，之后加入胡萝卜和香菇炒3~5分钟。

⑥ 放入芹菜翻炒2~3分钟后加入适量的盐炒匀出锅。

营养贴士：香菇是一种高蛋白质、低脂肪的菌类食品，富含B族维生素和维生素D。B族维生素有缓解孕吐的功效，维生素D又是补充钙时所必需的元素。芹菜具有凉血降压的功效，配合胡萝卜与香菇、鸡肉一同炒制，可在提供丰富营养的同时增加色彩上的刺激，提高准妈妈的食欲。

鱼香肉丝

主料：青椒半个、胡萝卜半根、黑木耳 10 克、里脊肉 100 克

配料：姜、葱、蒜、干辣椒适量

调料：盐 6 克、生抽 1 汤匙、醋少许、糖少许、干淀粉适量

做法：

① 里脊肉洗净、切丝，加入少许盐和干淀粉，拌匀腌制备用。

② 将黑木耳泡发 1~2 小时后洗净、切丝备用。

③ 青椒和胡萝卜切成与里脊肉丝大小相似的细丝。

④ 准备一个碗，将葱、姜、蒜切末放入碗中，再在碗中放入 1 小勺盐、1 小勺糖、2 小勺醋、3 小勺生抽，调匀备用。

⑤ 锅微热后放入食用油，加入少量干辣椒炒香，再加入肉丝，中火翻炒。

⑥ 肉丝炒至七成熟后加入调好的碗汁稍做翻炒，之后加入黑木耳丝、胡萝卜丝，中火炒 2~3 分钟。

⑦ 放入青椒丝，继续翻炒 2~3 分钟后关火出锅。

营养贴士：里脊肉较瘦，富含动物蛋白，脂肪含量相对低，且肉质较嫩，很适合炒菜食用。青椒和胡萝卜富含维生素，黑木耳又是补血的佳品。配合酸甜的碗汁炒制可提供丰富的营养，还可以增进准妈妈的食欲。为了预防准妈妈上火，在炒制过程中要注意少放干辣椒，不喜欢食辣的准妈妈可以不放，不会影响菜品的口感，味道依然会很鲜美。

炸藕夹

主料：鲜藕1节（取中间较粗段）、猪肉馅100克

配料：葱、姜、面肥、面粉各适量

调料：盐4克、生抽1汤匙、香油少许

做法：

① 藕洗净，切成连刀片（即一片稍厚的藕片，从中间部分切开不切断）备用。

② 葱、姜洗净，切末备用。

③ 准备1个干净的拌碗，将猪肉馅、葱末、姜末放入碗中。

④ 碗中加入适量的食用油、盐、生抽和少许香油，顺时针方向搅拌直到肉馅上劲儿。

⑤ 将拌好的肉馅均匀地夹入藕片中。

⑥ 另取1只碗，放上1小块面肥和少许面粉（比例为1:3），加入适量的水拌成糊状，如没有面肥可放入少量淀粉代替。

⑦ 锅中放入食用油后大火烧至七成热，将夹好肉馅的藕片裹上面糊下锅炸至两面金黄即可。

营养贴士：莲藕富含多种维生素和蛋白质，淀粉的含量也很高，中医认为熟食可以补心、益肾、滋阴养血。猪肉馅中含有丰富的动物蛋白和脂肪，适当地煎炸后可以为人体提供必要的脂肪储备，而莲藕也可以使菜品变得清脆爽口。

时蔬炒蛋

主料：黄瓜半根、木耳 10 克、胡萝卜半根、鸡蛋 2 个

配料：葱少许

调料：盐 4 克

做法：

① 木耳泡发 2 小时左右，洗净备用。

② 将黄瓜、胡萝卜切成菱形片。

③ 鸡蛋打散，葱切丝备用。

④ 锅中放入食用油，烧至五六成热时放入打散的鸡蛋，翻炒至熟后盛出备用。

⑤ 锅中再放入少许食用油，加入葱丝炒香后，加入木耳、胡萝卜片炒 3~5 分钟。

⑥ 放入黄瓜片和炒好的鸡蛋，翻炒 2~3 分钟后，加入适量的盐炒匀出锅。

营养贴士：鸡蛋具有一定的食疗功效，除含有丰富的蛋白质和多种氨基酸外还含有多种维生素和矿物质，对于准妈妈来讲可以补阴养血，帮助其缓解心烦失眠，有一定的安胎功效。配合多种蔬菜一起炒制更利于营养均衡摄入。

时蔬炒平菇

主料：鲜平菇 100 克、胡萝卜半根、黄瓜半根

配料：葱少许

调料：盐 4 克、醋 1 汤匙、干淀粉适量

做法：

① 平菇洗净，手撕成条，胡萝卜、黄瓜洗净，切成菱形片，葱切细段备用。

② 准备 1 个小碗，在碗中放入 1 小勺盐、2 小勺醋，再加入适量的干淀粉和水，调匀备用。

③ 锅微热后放入食用油，加入切好的葱段翻炒出香味后加入胡萝卜片，中火炒两三分钟。

④ 放入平菇继续中火炒两三分钟，加入黄瓜片和碗汁改大火炒一两分钟关火即可。

营养贴士：平菇是一种木腐菌类，富含多种维生素和矿物质，特别是含有多糖和硒元素，具有提高人体免疫力的作用。配合同样维生素含量丰富的胡萝卜和黄瓜炒制，再加上少许醋调味，美味开胃，营养全面，促进食欲。

蒜苗炒鸡蛋

主料：蒜苗半斤、木耳 10 克、鸡蛋 2 个

配料：姜、葱少许

调料：盐 6 克

做法：

① 木耳泡发 1 小时左右，洗净备用。

② 将蒜苗切成寸段。

③ 鸡蛋打散，葱、姜切丝备用。

④ 锅中放入食用油，至五六成热时放入打散的鸡蛋翻炒，盛出备用。

⑤ 锅中再放入少许食用油，加入葱丝、姜丝炒香之后加入木耳、蒜苗，中火炒 3~5 分钟。

⑥ 放入炒好的鸡蛋翻炒 2~3 分钟后，加入适量的盐炒匀出锅。

营养贴士：蒜苗中含有丰富的维生素 C 及胡萝卜素、核黄素等营养成分，同时它还含有一种可以帮助消食的元素——辣素。食用蒜苗可以帮助孕妈妈预防流感，增强抵抗力。

香菇菜心

主料：香菇七八朵、油菜心 1 斤

配料：葱少许

调料：盐 6 克

做法：

① 将香菇、油菜心洗净备用。

② 葱切细段备用。

③ 锅微热后放入食用油，加入葱段炒出香气后，将香菇放入锅中，中小火翻炒 3~5 分钟。

④ 锅中加入油菜心，大火炒 2~3 分钟，加入适量的盐炒匀出锅。

营养贴士：油菜属于十字花科植物，含有大量的植物纤维素，脂肪含量低，香菇也是一种高蛋白质、低脂肪的食物，两者都有帮助肠蠕动的功效，这个菜品可帮助准妈妈缓解便秘。

香醇靓汤

芥蓝汤

主料：芥蓝 100 克

配料：香葱少许、鲜贝几粒

调料：香油少许、盐 2 克

做法：

① 芥蓝洗净，切成 1 寸左右的段。

② 鲜贝用少许清水泡 15~20 分钟后，用手顺纹理撕成小块（泡鲜贝的水不要倒）。

③ 锅中放入适量水，加入香葱、芥蓝段后中火煮两三分钟。

④ 加入撕好的鲜贝和泡鲜贝的水再煮两三分钟。

⑤ 加入适量的盐，关火后加入少量香油。

营养贴士：芥蓝富含钙元素，还含有大量的维生素 A 和胡萝卜素，加入鲜贝煮汤食用不但可以丰富营养还可以提鲜，食用口感更好。汤色碧绿，看上去非常爽口，可增进孕早期妊娠反应较大的准妈妈的食欲。

酸辣汤

主料：黑木耳 5 克、黄花 5 克、北豆腐 50 克、鸡蛋 1 个

配料：葱、姜、香菜各适量

调料：生抽 2 汤匙、盐 2 克、醋 1 汤匙、胡椒粉适量、香油适量、水淀粉适量

做法：

① 黑木耳、黄花用冷水泡发，一般需 2~3 小时。

② 将泡发后的黑木耳和黄花择好、洗净，切成 1 厘米左右的小段。

③ 北豆腐切成与黑木耳相似的细条。

④ 葱、姜、香菜切末，鸡蛋打散备用。

⑤ 锅中放入适量的水煮开后，先将北豆腐、黑木耳、黄花放入煮 2~3 分钟，之后放入葱末、姜末。

⑥ 锅中放入醋和胡椒粉后，将水淀粉加入锅中。

⑦ 锅中加入生抽和适量的盐后，将鸡蛋打散下入锅中，开锅即关火。

⑧ 关火后再加入少量醋、香油，拌匀后加入香菜即可。

营养贴士：黑木耳中铁元素含量丰富，有补血的功效，黄花菜富含卵磷脂可增强脑细胞生长，配合蛋白质含量非常高的鸡蛋和北豆腐制成汤，营养丰富又易于吸收。汤中调入适量的醋，可增加准妈妈的口感，增进食欲。

注意：新鲜的黄花菜中含有“秋水仙碱”，如果选用鲜的黄花菜，要先过水焯煮后再食用。

花样主食

红枣栗子糯米粥

主料：红枣 20 克、栗子 50 克、糯米 50 克、大米 100 克

做法：

① 将糯米洗净提前泡 2 小时。

② 红枣洗净、大米淘好，栗子洗净去壳。

③ 将泡好的糯米和淘好后的大米、洗净的红枣放入锅中，加入适量的水大火烧开后，改为中小火煮 30 分钟左右。

④ 将栗子放入锅中，再用中小火煮 20 分钟左右关火出锅。

营养贴士：糯米北方又称江米，含有蛋白质、B 族维生素、钙、铁、磷等营养物质。栗子属于坚果类，干栗子中的碳水化合物达到 77%，它还含有丰富的蛋白质和维生素，其中维生素 B_2 是大米的 4 倍，鲜栗子中所含的维生素 C 更是苹果的十多倍。红枣、栗子、糯米煮粥更有利于营养成分的吸收，并且还具有补中益气、健脾养胃的功效，很适合准妈妈食用。

绿豆百合粥

主料：大米 100 克、绿豆 50 克、百合 50 克

做法：

① 将绿豆洗净，提前泡 1 小时。

② 大米淘好，百合洗净掰成片。

③ 将泡好的绿豆和淘好后的大米放入锅中，加入适量的水，大火烧开后改为中小火煮 40 分钟左右。

④ 将百合放入锅中，再用中小火煮五六分钟左右，关火出锅。

营养贴士：绿豆味甘性寒，有清热解毒、消暑降火的功效，非常适合夏天食用。百合味甘性平，可以起到温肺止咳、养阴清热、清心安神、利大小便等功效，配合大米煮粥在夏秋季节食用，可以帮助养心除烦，解毒消肿，健脾益胃。

金银米饭

主料：小米 50 克、大米 150 克

做法：

① 将大米和小米以 3:1 的比例泡好，备用。

② 将泡好的大米和小米洗净，放入电饭锅中加入适量的水蒸熟。

营养贴士：小米的蛋白质含量要高于大米，且富含维生素 B_1 和维生素 B_{12}，与大米一起蒸饭食用，可以帮助准妈妈在获得能量的同时缓解孕吐。

韭菜鸡蛋合子

主料：面粉 500 克、韭菜 500 克、鸡蛋 2 个、虾皮 50 克

调料：香油少许、盐 8 克

做法：

① 取 1 个干净、无油的盆，放入面粉，加入适量的水揉成面团（要稍微多放一点儿水，让面团更柔软些），饧 2 小时左右。

② 韭菜择好，洗净、控水，切成半厘米左右的小段。

③ 将鸡蛋磕入 1 个小碗中打散，锅中放入食用油，油温三成热时将鸡蛋下入锅中，炒成小块盛出备用。

④ 锅中再次放入食用油，小火微煎一下虾皮即可出锅。

⑤ 另取 1 个干净的盆，将切好的韭菜、炒制后的鸡蛋和虾皮放入盆中，加入适量的盐和香油，顺时针拌匀。

⑥ 将饧好的面充分揉匀，放在面板上分成四五厘米的小段后作剂，擀成皮。

⑦ 将拌好的馅包入皮中，捏成大饺子状后轻轻压扁。

⑧ 饼铛中放入食用油，油热后放入制好的合子，煎至两面金黄即可。

营养贴士：韭菜属百合科草本植物，性温味甘辛。它的营养价值非常高，含有丰富的蛋白质、纤维素和大量的维生素，它的辛辣味道又可以起到促进食欲的作用。鸡蛋不但蛋白质含量高，而且含有丰富的卵磷脂，虾皮可以起到提鲜的作用，可代替味素使用。韭菜鸡蛋合子是一道菜兼主食的快捷美食。

山药枸杞粥

主料：山药100克、枸杞十几粒、大米100克

做法：

① 山药洗净，切滚刀块，放入清水中备用（山药易氧化，放入清水中可避免变黑）。

② 大米淘好后加入适量的水，大火烧开后改为中火，煮20分钟左右。

③ 山药块放入锅中，再用中火煮20分钟左右。

④ 将枸杞放入锅中，改为小火煮10分钟左右后关火。

营养贴士：枸杞俗称枸杞子，所含主要的活性成分为枸杞多糖，可起到抗疲劳、抗辐射等功效，性平味甘，搭配山药煮粥可补虚益精，清热润肺，还可提高免疫力。

三鲜煎饺

主料：面粉 500 克、猪肉馅 200 克、韭菜 200 克、鸡蛋 1 个

配料：大葱、姜各适量

调料：香油适量、生抽 1 汤匙、盐 8 克

做法：

① 韭菜择好、洗净，切成半厘米细段，葱、姜切末备用。

② 准备 1 个干净的拌碗，将猪肉馅、葱末、姜末放入碗中。

③ 准备 1 个干净无油的盆，放入面粉和适量的水，揉成团（以面团不粘盆为准）。

④ 鸡蛋打散，锅中放入少许油，微热后放入打散的鸡蛋炒碎。

⑤ 碗中加入适量的食用油、盐、生抽和少许香油，顺时针方向搅拌直到肉馅上劲儿。

⑥ 将韭菜末和鸡蛋碎加入肉馅中拌匀。

⑦ 案板上铺撒上面粉，将面团放在案板上用力充分揉匀，搓成细条，均匀分成 2 厘米的小块，擀成圆形饺子皮后，包馅制成饺子。

⑧ 锅中放入适量清水，开锅后将饺子煮熟后盛出放凉。中间要翻动几次，以免饺子粘在一起。

⑨ 锅中加入适量的食用油，烧至六七成热时放入饺子，中小火煎至三面金黄即可。

营养贴士：这是一道美味可口、营养丰富的面食。韭菜的营养价值很高，含有大量的营养素，例如胡萝卜素、核黄素、烟酸、维生素 C 等。同时，它还富含钙、磷、铁等矿物质，与鸡蛋和猪肉中的脂肪和蛋白质相搭配，可以称得上营养全面均衡。煎饺的制作可以选择直接煎熟或先煮后煎，这里选用先煮后煎的方法是为了更好地控制油的摄入，更健康。

玉米面发糕

主料：玉米面 450 克、标准粉 150 克、红枣 50 克、葡萄干 50 克

调料：面肥（或酵母）、碱粉

做法：

① 将面肥或酵母用少量清水泡开，如用酵母则每 500 克面粉配 5 克 ~ 6 克酵母。

② 取 1 个干净、无油的盆，放入玉米面、标准粉、泡开的面肥或酵母，加入适量的水揉成面团（要稍微多放一点儿水，让面团更柔软），盖上盖子饧发（一般玉米面和标准粉的比例为 3:1）。

③ 将红枣和葡萄干洗净，用清水泡 30 分钟左右备用。

④ 饧发至面团是原有的 2 倍大（或大于 2 倍时），如选面肥要加入适量的碱水（每 500 克面粉需 3 克 ~ 5 克碱粉溶成碱水），充分揉匀后再饧发 10 分钟左右。如选用酵母直接进入第 5 步操作。

⑤ 蒸锅放入适量的水，笼屉上铺好屉布，将饧发好的面团按比锅小一圈的大小均匀放在屉布上，将泡好的红枣和葡萄干均匀放在面团上。

⑥ 开火蒸至上气后再大火蒸 25~30 分钟即可。

营养贴士：玉米的营养价值丰富，含有大量的卵磷脂、亚油酸、维生素 E 和纤维素等，红枣中富含蛋白质、脂肪、糖类、维生素 A 和维生素 C。葡萄干是由鲜葡萄风干而成，富含钙、铁元素，配合白面制成发糕作为主食食用美味又健康。

五、医师女儿的备孕故事

工作和学习带来的压力，让我们决定在30岁之后再考虑孩子的问题。开始备孕的时候，我和老公都已经到了32岁，特别是我，身体一直不好，从小就患有先天性心脏病，二十几岁的时候又患上了腰椎间盘突出症，平时劳累后也会腰疼，在准备怀孕的前一年还悲惨地得了急性风湿热。曾经一次宫外孕保守治疗的经历让我对怀孕生宝宝的事情心有恐惧。老公知道我一直有思想包袱，所以他跟我商量，还是应该寻求专科医生的帮助，确定怀孕没有风险后再开始我们的“孕旅途”。于是我去了医院的妇产科门诊，妇科医师听了我的病史，安排了B超、抽血等一系列详细的检查，所有检查都显示正常，专科医师建议可以备孕了！我跟老公都很重视备孕工作，除了让他戒烟，我们开始了一系列的备孕工作：三餐规律、少吃外卖食品、每天都有固定的时间进行有氧运动。特别是我，对怀孕这项“工作”很重视，平时在饮食上、作息时间上都很注意，由于我长期在临床工作，每天接触很多细菌病毒，又要经常上夜班，所以在休息的时候，我会经常拉着老公去公园、去爬山，多接触阳光和新鲜的空气。在补充叶酸和维生素同时，在饮食上也是尽可能做到营养全面、品种丰富、质量高。每天保证鸡蛋、牛奶和新鲜的蔬菜水果。在备孕期间，为了防止体重过度增长，我适当减少了主食量，每餐主食量控制在75克左右，同时将细粮变为粗粮，多吃杂粮也可以控制热量的摄入。

在努力了2个月后，我失望地发现“好孕”还是没来。这时候，我找到了妇产科的同事，她听了我对备孕所有的安排后，叮嘱我心情放松也是很重要的，本来没有器质性病变，但如果情绪紧张也是很难受孕成功的。于是我开始放松心情调整心态，心里想着这一切都是水到渠成的事情，不是着急就能有用的。就这样，在开始备孕的第4个月，在我生日的那一天，我的“好孕”来了！

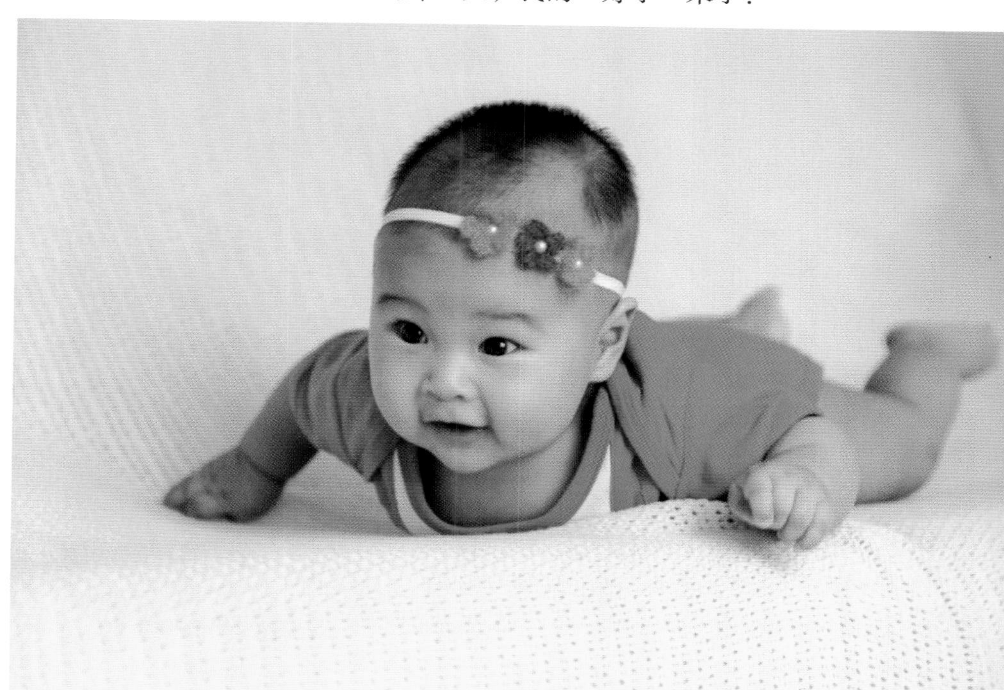

GAP

孕早期营养全知道

一、你需要知道的医学常识

孕早期是指孕 1~12 周，即俗称的孕期前三个月。怀孕刚刚开始的时候，准妈妈也许感觉不到太大变化，此期间，即使没有任何感觉，准妈妈仍需要继续补充叶酸，并且每日摄入量应该适当增加，由备孕期的每日 0.4 毫克增加至 0.6 毫克。或由专科医师给出服药方案。孕早期是胎儿器官系统分化，胎盘形成的关键时期，细胞生长、分裂十分旺盛。此时叶酸缺乏可导致胎儿畸形。在我国发生率约为 3.8‰的神经管畸形，包括无脑儿、脊柱裂等。另外还可导致早期的自然流产。到了孕中期、孕晚期，除了胎儿生长发育外，母体的血容量、乳房、胎盘的发育使得叶酸的需要量大增。叶酸不足，孕妇易发生胎盘早剥、妊娠高血压综合征、巨幼红细胞性贫血；胎儿易发生宫内发育迟缓、早产和低体重儿，并且这样的胎儿出生后的生长发育和智力发育都会受到影响。

孕早期通常是流产和先兆流产的高发期，由于胚胎发育还不够成熟，也就是小宝宝在妈妈肚子里成长得还不够结实，所以特别容易出现阴道出血、腹痛等症状，准妈妈要警惕这些症状可能是由于先兆流产造成的。此外，现在一部分高龄产妇在孕早期由于体内雌激素、孕激素水平不够，可能会造成流产。在孕早期，由于胎盘尚未发育完全，宝宝要靠母体所供给的雌激素和孕激素维持生长。所以，在准妈妈第一时间明确自己怀孕的时候，应该到医院妇产科就诊，完成抽血检查，化验血中的雌二醇、黄体酮等相关指标，如果指标过低，应该及时应用药物干预，来预防先兆流产和流产的发生。此外，一些曾经反复出现过流产、胎停孕等情况的准妈妈则需要更加重视孕早期的情况，尽量减少活动，多静养休息以保胎。随时监测相关化验及 B 超结果，一旦出现阴道出血、腹痛，应该立即到医院专科就诊，必要时更需要住院治疗。

在孕早期这个阶段，除了均衡饮食，有些以前喜欢的饮食就都要抛弃了，比如汽水、咖啡、冰激凌等，那些在我们还是女孩子时候就特别喜欢的美食，为了健康的小宝宝，我们都要远离它们了。在孕早期这段时间胎宝宝生长还很缓慢，随着月份的增加，由于体内激素水平的变化，孕妈妈们会出现不同程度的妊娠反应：恶心、呕吐、唾液分泌增加、食欲不佳，尤其是有些孕妈妈呕吐严重。这些症状会持续 3 个月或以上。也有很多准妈妈会发现，以前自己不爱吃的东西现在变得特别渴望，在这时候，除了满足口味上的需求，也应该克服早孕反应带来的不适。可以少食多餐，及时补充优质蛋白和维生素。饮食应以清淡为主，菜品也应多以爽口易吸收为佳，让孕妈妈有个好胃口，注意多补充维生素、卵磷脂、蛋白质等。呕吐严重的孕妈妈还要及时补充水分，准备一些可口的小点心，有胃口时就吃一点以补充营养。还有一小部分准妈妈恶心呕吐的症状严重，几乎完全不能进食，或只要进食就会诱发呕吐症状，继而出现了尿量减少、皮肤黏膜干燥等脱水表现，这种情况在临床上被称为“妊娠剧吐”。如果出现这种症状，应该及时到医院进行输液等对症治疗，不然则会导致孕妇脱水、电解质紊乱等并发症，不但影响母体健康，更会造成胎儿发育不良甚至流产等危险。

二、准妈妈和胎宝宝的变化

在整个孕早期，准妈妈会经历从一个人变为“两个人”的转变，这是一个奇妙的变化。在这个阶段，准爸爸的精子和准妈妈的卵子幸福地结合成受精卵，通过输卵管的运送，安全地“着陆”在妈妈的子宫内，逐渐形成胚胎，并在第九周末形成胎儿。胎宝宝在孕早期就已经开始努力地生长了，逐渐形成的面部器官让我们的宝宝成为五官端正的漂亮宝宝，同时心脏也开始发育，分出了心房和心室，并且有力地跳动着。这个阶段准妈妈通过 B 超就可以清楚地看到胎心的跳动。同时发育的还有胎宝宝的肾脏和输尿管，到了孕早期结束的时候，宝宝已经可以自己排泄了。胎宝宝还会从母体汲取钙质来发育自己的骨骼和关节。胎盘和脐带也在悄悄地形成着，以利于胎儿和母体之间的营养供给更加充足。

这个阶段的准妈妈，虽然在外表还看不出太大的变化，但是体内的变化确是翻天覆

地的。由于胎宝宝的着床和发育，子宫逐渐开始增大，压迫到膀胱后会出现尿频的症状，准妈妈会觉得总是想小便。同时由于体内激素变化，准妈妈开始出现恶心、呕吐等一系列早孕反应，痛苦不堪，少部分准妈妈甚至需要到医院进行输液治疗。准妈妈的乳房开始发胀，乳晕变得颜色加深，这时候需要更换更舒服的内衣了。在这个阶段，准妈妈的情绪也会有很大变化，变得易怒、烦躁或焦虑。别担心，这只是由于激素水平变化带来的，慢慢地就会好转，准妈妈应该努力进行调节，多想想美好的事情，想象宝宝的长相，和肚子里的宝宝进行言语交流，或者听些舒缓的音乐，准爸爸也应该多关心准妈妈，共同度过这段宝贵的时光。

准妈妈和胎宝宝的变化

周数	准妈妈	胎宝宝
1	末次月经。	仍处在备孕阶段。
2	月经进入第二周，卵巢准备排卵。	
3	卵子和精子结合。	受精卵安全着床。
4	子宫内膜肥厚松软，血管轻度扩张。	胚泡在子宫内着床。
5	月经推迟，早孕反应阳性。	小胚胎的面部器官开始形成。
6	子宫开始增大，常常想小便。	心脏开始规律跳动，血液循环建立，形成胎盘雏形。
7	开始出现早孕反应，常常犯困。	四肢慢慢成长，手指开始发育，心脏划分成左心房和右心室，每分钟心跳可达 150 次。
8	小腹微突起，乳房发胀，乳晕颜色加深。	胚胎初具人形，牙齿开始发育，眼、耳、鼻、口已可辨认，胎盘和脐带形成。
9	乳房更加膨胀，乳头乳晕色素沉着。	正式成为胎儿，进入胎儿期。
10	情绪波动大，甚至喜怒无常，继续存在早孕反应。	胎儿体重约 10 克，胎盘成熟，还不能辨别胎儿性别。
11	腹部开始增大，腰变粗了。小腹部皮肤出现褐色竖线。	重要脏器开始形成，大脑及呼吸器官等都已开始工作。
12	疲劳嗜睡逐渐改善，皮肤出现黄褐斑，腹部开始隆起。	肾脏、输尿管形成，宝宝可以排泄了，胎盘基本形成，出现关节的雏形。

三、孕早期必不可少的营养补充

妊娠的早期由于受到黄体酮分泌增加等因素的影响，孕妈妈的消化系统功能发生了一系列的变化：胃肠道平滑肌松弛、张力减弱、蠕动减慢，胃排空和食物在肠道内停留的时间延长，易出现饱胀感和便秘的情况。贲门括约肌松弛，胃内的食物容易逆流，会引起反胃或“烧心”现象。消化液和消化酶的分泌量减少，易出现消化不良。这一系列的变化都会使孕妈妈口味改变，有时还会有点小挑食。这段时间内饮食安排一定要照顾到孕妈妈的个人嗜好，不要片面地追求食物的营养价值，尽可能帮助孕妈妈舒缓情绪。只要在备孕阶段养成了良好的饮食习惯，短期的饮食改变可以等妊娠反应减缓后再进行调整。当然，如果能在照顾孕妈妈口味的同时还可以按照备孕中所提到的营养建议去做就更好了。另外，以下几点也是要注意的：

1. 多吃清淡适口的食物

清淡适口的食物可以增进孕妈妈的食欲，同时也更易于消化。根据孕妈妈的喜好，可以尽可能为其准备种类丰富的食物，满足其对营养的需要。例如多食用新鲜的水果、蔬菜、禽肉、蛋、大豆制品等。

2. 少食多餐

在这个阶段千万不要强迫孕妈妈进食。怀孕早期，在进食的餐次、数量、种类及时间上要根据孕妈妈的食欲和反应的轻重及时进行调整，采取少食多餐的办法，尽可能保证每日的进食总量。多吃一些富含 B 族维生素的食物可以帮助缓解症状，随着孕吐的减轻，再逐渐过渡到平衡膳食。

富含 B 族维生素的食物

种类	食物名称	数量（毫克 /100 克）
维生素 B_1	葵花子仁	1.89
	花生仁	0.72
	瘦猪肉	0.54
	大豆	0.41
	蚕豆	0.37
	小米	0.33
	麸皮	0.30
	小麦粉（标准）	0.28
	玉米	0.27
	稻米（粳，标二）	0.22

续表

种类	食物名称	数量（毫克 /100 克）
维生素 B_2	猪肝	2.08
	冬菇（干）	1.40
	鸡肝	1.10
	小麦胚粉	0.79
	扁豆	0.45
	黑木耳	0.44
	鸡蛋	0.31
	麸皮	0.30
	蚕豆	0.23
	黄豆	0.22
维生素 B_6（吡哆素）	葵花子仁	1.25
	金枪鱼	0.92
	黄豆	0.82
	核桃仁	0.73
	鸡肝	0.72
	沙丁鱼	0.67
	猪肝	0.65
	蘑菇	0.53
	花生	0.40
	玉米	0.40

3. 保证摄入足量富含碳水化合物的食物

怀孕的早期由于妊娠反应的影响，孕妈妈会时常处于饥饿状态，有些孕妈妈可能孕吐还会比较严重，直接导致了体内碳水化合物的流失。当没有足够的碳水化合物供机体使用的时候，机体会动用脂肪来分解已经产生的能量，脂肪的分解代谢会产生酮体，酮体的积累会直接引起孕妈妈出现酮症或酮症酸中毒，血液中过高的酮体又会通过胎盘进入胎儿体内，影响到胎儿早期大脑及神经系统的发育。所以，在这一阶段足量地摄入富含碳水化合物的食物变得尤为重要，每天应保证至少 150 克碳水化合物（约合谷类 200 克）的摄入。如果有些孕妈妈呕吐得非常严重完全不能进食，还要及时去医院就医。

富含碳水化合物的食物

种类	食物名称	数量（克 /100 克）
谷类	稻米（粳，标二）	77.7
	小麦	75.2
	玉米面	75.2
	小米	75.1
	白面	61.9
蔬菜	豌豆尖	53.9
	百合	38.8
	黄花菜	34.9
	毛豆	10.5
	胡萝卜	10.2
水果	鲜枣	30.5
	雪梨	20.2
	苹果	13.5
	桃	12.2
	葡萄	10.3

4. 继续补充叶酸，戒烟、禁酒

叶酸是一种辅酶，在体内参与氨基酸和核苷酸的代谢，是细胞增殖、组织生长和机体发育不可缺少的营养素之一。大量实验证明，孕早期叶酸的缺乏和使用叶酸拮抗剂（如堕胎剂、抗癫痫药物等）可引起死胎、流产或胎儿脑和神经管畸形。叶酸的补充应至少在孕前的 3 个月开始，每日补充剂量为 400 微克，怀孕后可加至 600 微克 / 天，直至整个孕期结束。如果我们不能确定正确的剂量，应该到就近的医院专科就诊，听取专业医师的意见和指导。

富含叶酸的蔬菜有莴苣、菠菜、番茄、胡萝卜、龙须菜、花椰菜、油菜、小白菜、扁豆、豆荚、蘑菇等；新鲜水果有橘子、草莓、樱桃、香蕉、柠檬、桃子、李、杏、杨梅、海棠、酸枣、山楂、石榴、葡萄、猕猴桃、草莓、梨、胡桃等；动物性食品有动物的肝脏、肾脏、禽肉及蛋类，如猪肝、鸡肉、牛肉、羊肉等；豆类、坚果类食品有黄豆、豆制品、核桃、腰果、栗子、杏仁、松子等；谷物类有大麦、米糠、小麦胚芽、糙米等。

同样，为避免新生儿发育迟缓、智力低下等风险，戒烟、禁酒也应贯穿整个孕期。

5. 适当补充维生素 C

适量补充维生素 C，可以缓解准妈妈在早孕期发生的牙龈出血，预防牙齿疾病。维生素 C 可以提高机体的抵抗力，在孕早期可以适当补充。人体自身并不能合成维生素 C，必须通过膳食给予补充。缺乏维生素 C 会导致胎儿骨骼和牙齿发育不良，也可能会导致准妈妈毛细血管壁脆弱、牙龈肿胀出血等不适。富含维生素 C 的食物很多，主要来源于新鲜的水果及蔬菜中，如猕猴桃、橙子、柑橘、番茄、青椒等。

6. 注意糖类的供给

体内正常水平的葡萄糖可以维持人体每日正常工作所需的能量，糖类更是整个孕期能量供应的保障，足量的葡萄糖可以保证宝宝的大脑发育。妊娠期间，准妈妈们会消耗更多的能量，所以应该适当给予补充。在孕早期，准妈妈刚刚得到“好孕”消息的时候，就应该每日适量补充糖类，为可能发生的早孕反应做好预防工作，因为早孕反应会使准妈妈食物摄入量减少，从而可能造成低血糖等不良反应，影响胎宝宝的发育。多糖类食物主要存在于谷类、甘薯及根茎类食物中。

7. 继续保证碘摄入

碘是人体一项重要的微量元素，是甲状腺素的重要组成原料之一。在孕早期，胎儿由母体提供甲状腺素，所以当准妈妈缺碘后，则会导致宝宝神经系统发育迟缓，引起听觉障碍、智力缺陷等不良后果，还可能会导致流产，或准妈妈及宝宝甲状腺功能减退等。正常人体每日所需碘的剂量为 150 微克，孕期妇女应该在此基础上适量增加，维持在 200 微克左右。补碘的最佳时间是在备孕期间及孕早期，准妈妈可以适当增加含碘食物的摄入，比如海带、紫菜等。此外可以用碘盐进行烹饪。当然，补碘并非多多益善，准妈妈可以在专科医师的指导下明确自身是否存在缺碘情况，如果体内碘含量正常，则通过食补是最好的进补方法。

8. 食物搭配多样化

合理地摄取营养是妊娠成功的重要因素之一。由于要孕育一个新生命，孕妈妈在怀孕的整个过程中对能量的需求会随时间的变化逐渐增大。在孕早期，由于胎宝宝发育相对还比较慢，所以总能量的摄入上与成年女性相比变化不大，但下表中的营养素摄入量要有所增加。

孕前与孕早期营养素需求量对比

营养素		孕前需求量（每日）	孕早期需求量（每日）
蛋白质		65 克	70 克
矿物质	钙	800 毫克	1000 毫克
	碘	150 微克	200 微克
维生素	VA	700 微克视黄醇当量	800 微克视黄醇当量
	VD	5 微克视黄醇当量	10 微克视黄醇当量
	B_1	1.3 毫克	1.5 毫克
	B_2	1.2 毫克	1.7 毫克
	B_6	1.2 毫克	1.9 毫克

从上表中我们可以发现，其实在孕早期虽然部分营养素需要增加，但量很小，完全可以从食物中获取，例如：鲜奶及奶质品是很好的补钙食品；鸡蛋中蛋白质的氨基酸成分与人体最为接近，最易被人体吸收；B 族维生素可从谷物中获取；水果和蔬菜含有丰富的维生素和矿物质。所以，只要我们合理地搭配食物就可以获得我们身体中所需要的营养素。

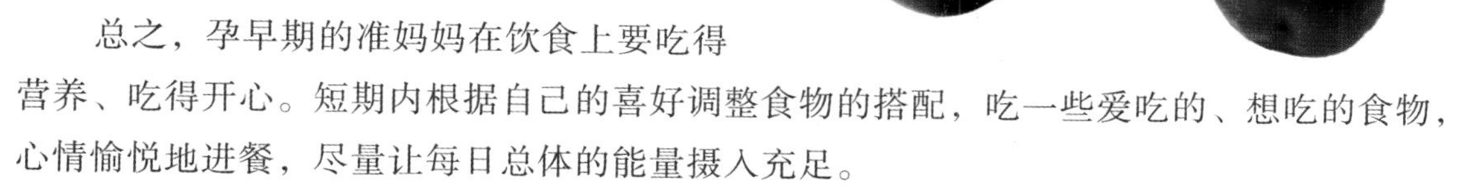

总之，孕早期的准妈妈在饮食上要吃得营养、吃得开心。短期内根据自己的喜好调整食物的搭配，吃一些爱吃的、想吃的食物，心情愉悦地进餐，尽量让每日总体的能量摄入充足。

附：一日食谱参考

餐次	食谱	数量	热量（千焦估值）
早餐	什锦素包子	50克	300（约）
	豆浆	200毫升	132
	煮鸡蛋	50克	300
	虾皮拌白菜心	100克	80
加餐	酸奶	125毫升	375
	葡萄	100克	185
午餐	粳米饭	100克	492
	鱼香肉丝	150克 （瘦肉丝100克 + 配菜50克）	1600 （肉丝1400+ 配菜200）
	清炒豌豆尖	100克	943
	菠菜鸡蛋汤	100克 （水50毫升 + 菠菜25克 + 鸡蛋25克）	179 （菠菜29+ 鸡蛋150）
加餐	银耳百合羹	100克 （水50毫升 + 银耳25克 + 百合25克）	446 （银耳273+ 百合173）
晚餐	西红柿打卤面	面条100克	1195
		西红柿卤100克 （西红柿、鸡蛋、木耳等）	300
加餐	鲜牛奶	220毫升	540
合计			7067
总能量摄入	7067千焦 + 油、盐等调味品为8000千焦 （30克花生油的热量为1100千焦）左右。		

注：1 千焦 =0.239 千卡

在孕早期时，大部分孕妈妈会有晨吐的情况。不要担心由于吃不下导致早餐吃得过少，在上午的加餐和午餐中我们可以多增加营养，完全可以保证一天的能量，保证早餐的清淡可口会使孕妈妈的一天有个美好的开始。另外，晚餐后的加餐建议多选择鲜奶、奶制品或水果，由于睡前加餐不易消化又会使能量堆积，食用的时间最好在晚上 8 点前或睡前半小时。

四、准妈妈的疑虑

Q&A

强烈的早孕反应会不会影响宝宝的发育

大部分的女性在怀孕的过程中特别是孕早期的阶段都会有不同程度的早孕反应，这是由于怀孕导致体内激素水平变化引起的。很多准妈妈们会出现恶心、厌油腻或讨厌某种特殊的味道，没有食欲及嗜睡等表现，一部分孕期女性还会出现呕吐，这些症状多在清晨时更加明显。严重的早孕反应更可以出现频繁呕吐、不能进食，从而造成孕妇脱水、电解质紊乱等一系列表现。因为孕早期是胎儿各个器官形成的关键时期，很多准妈妈都会存在疑虑，怕自己的早孕反应影响胎儿的发育。其实，在孕早期，胎儿对营养的需求并不大，正常的能量摄入即可保证母体及胎儿每日所需的营养。当然，如果存在严重的早孕反应，表现为持续性呕吐，伴随不能进食进水，临床上称为“妊娠剧吐”，则需要立即就医，进行输液等治疗，以保证母体内环境稳定。只有准妈妈身体健康，才能保证宝宝的营养摄入。

为什么开始牙龈出血了

在孕早期，很多孕妈妈会发现原来牙齿一直很健康的自己开始牙龈出血，每天刷牙都会出现症状，甚至在平时工作生活的时候也会出现牙龈出血。即便是在备孕期间已经找牙科医师帮忙把自己的龋齿处理好了，也不能避免这种情况的发生。

其实，在孕早期出现牙龈出血，主要是由于怀孕引起的体内激素水平变化导致牙龈产生过度反应。也有一部分准妈妈在早孕期间频繁呕吐或过多进食酸性食物，而没有及时清洁口腔，从而导致牙龈敏感出血。所以在这时，我们应该选择软毛牙刷，且刷牙的时候不宜过度用力。想要避免更多的牙齿疾病，在备孕期间就应该做好充分的准备，孕早期并不适合看牙医。

Q&A

体重不升反而下降，宝宝会发育不良吗

由于早孕反应导致的呕吐或食欲不振，很多准妈妈会发现在妊娠的早期，体重并没有增加，甚至出现了下降，这时我们就会担心肚子里的宝宝会出现营养不良。其实，准妈妈并不需要过度担心，上面我们说过，孕早期胎儿对营养的需求并不大，一般程度的早孕反应并不会导致胎儿营养不良的产生。准妈妈也要相信自己聪明的宝宝，他会有能力从母体汲取自己所需的营养。

真的要停止一切娱乐活动吗

妊娠早期，是胎儿各个器官组织形成的关键时期，这个阶段胎儿并不稳定，胎盘没有完全形成，容易发生流产等不良事件。一些病毒感染还会导致胎儿发育畸形。所以，准妈妈在这段时间应该尽量休息，避免到人多、相对密闭的地方，如电影院、KTV、酒吧等地方，并不是所有的娱乐活动都要取消，但应该根据自身情况具体安排，比如去郊外或公园走走，呼吸下新鲜空气，对缓解紧张的情绪会有一定帮助。当然，如果准妈妈已经出现了阴道出血或正在进行保胎治疗，应该避免上述所有活动，安静在家休养。

情绪激动，常常伤感，我到底是怎么了

怀孕是女性人生一个特殊的经历，又是两口之家一个重大的变化。很多女性会发现在怀孕以后常常会因为一件小事而发脾气，或者变得敏感、爱哭。其实这都是因为孕期激素水平调节的原因导致的，大部分的准妈妈都会经历。有的准妈妈可能过度担心宝宝的健康，也可能由于早孕反应影响了情绪，或者担心从女儿变成母亲这样的角色转变带来的压力。总之，在这个阶段，我们应该自己主动调节情绪，比如听些轻松柔和的音乐，看一本自己喜欢的书，又或者给宝宝挑选几件漂亮的衣服等。准爸爸这时候应该特别关心自己的妻子，尽量多陪伴在身边，共同度过孕早期。

五、孕早期美味营养餐

爽口凉菜

家常泡菜

主料：圆白菜半个，胡萝卜1根，黄瓜1根

配料：干辣椒 5~6 个，白糖少许、白醋 2 汤匙、盐适量

做法：

①胡萝卜去皮，所有蔬菜洗净，控干水分。干辣椒用剪刀剪成两半备用。

② 圆白菜切掉硬心，用刀切成大块，胡萝卜切薄片，黄瓜切段，放入干净的盆中。

③ 加入盐、白糖和白醋后，用手反复揉搓蔬菜，约 10 分钟。

④ 揉搓好的蔬菜常温腌制半小时左右，可以看到一些水析出，菜叶子变软了一些。

⑤ 加入干辣椒，用筷子搅拌均匀后装入干净的饭盒中，盖好密封盖。

⑥ 放入冰箱冷藏室，2 天后食用。

营养贴士：

1. 菜品的种类可以根据自己喜欢的挑选，但是基本上圆白菜是主打旋律，还可以选择白萝卜、西芹、柿子椒、佛手瓜等，但是水分太多的蔬菜就不要放进去了，腌出来就没了。

2. 放入辣椒后就不要再用手去揉搓蔬菜了哦，否则很辣的，如果戴上手套也无妨。

3. 密封后可以冷藏保存至少一周，每次夹取的时候一定要用干净无油的筷子，否则容易变质。

凉拌双花

主料：菜花100克、西蓝花100克

配料：胡萝卜半根、花椒十几粒

调料：香油少许、盐6克、白糖适量

做法：

① 菜花、西蓝花洗净，掰成小块。胡萝卜去皮，取上边较粗部分，四边切开后再切成花片备用。

② 锅中加入十几粒花椒和适量的水烧开，煮出花椒的香气。

③ 分别将胡萝卜、菜花、西蓝花放入煮花椒水的锅中焯水后盛出。

④ 准备1个干净的碗，放入焯好的胡萝卜、菜花、西蓝花，再放入适量的香油、盐、白糖拌匀成盘即可。

营养贴士：菜花又叫花椰菜，十字花科蔬菜，富含B族维生素和维生素C，西蓝花中的营养成分丰富，它所含的矿物质成分比其他蔬菜更全面，同时还含有丰富的维生素K、维生素A，搭配拌成凉菜不但色彩上引人食欲而且营养丰富。

酸奶水果沙拉

主料：火龙果半个、香蕉1根、草莓10个、橙子半个

配料：原味酸奶100毫升

做法：

① 火龙果从中间切开，将半个火龙果中的果肉挖出，果皮壳作为器皿备用。

② 草莓从中间切开，香蕉、橙子切块。

③ 将切好的草莓、香蕉、橙子和挖出的火龙果肉放入火龙果壳中。

④ 将适量的酸奶倒入杯中。

⑤ 食用时将酸奶拌入水果中即可。

营养贴士：这4种水果中的维生素和微量元素含量都很高，其中火龙果含有丰富的花青素和大量果肉纤维，可抗衰老和预防便秘。香蕉含有大量钾和镁元素，可缓解压力。草莓中的微量元素有利于消化。橙子中的维生素C含量很高。酸奶能够促进消化液的分泌，较之牛奶更易于人体吸收，配合食用营养丰富又美味。

素什锦

主料：芹菜 50 克、白菜花和西蓝花各 100 克、藕 50 克、胡萝卜 50 克、花生米 50 克、木耳 5 克、黄花 5 克、香菇 2 朵、面筋三四个

配料：大葱少许

调料：盐 6 克、生抽 2 汤匙、五香粉、白糖、香油各少许

做法：

① 芹菜、白菜花、西蓝花、藕、胡萝卜、香菇洗净，切成相似大小的块，分别焯水后捞出，控水备用。

② 将花生米洗净、去皮，大火煮 2~3 分钟后控水备用。

③ 将木耳、黄花用清水泡发 1 小时左右，洗净备用。

④ 大葱切细段、面筋切条备用。

⑤ 锅微热后放入少量食用油，加葱炒出香气后放少许生抽，加入 300 毫升左右的水煮开。

⑥ 锅中放入五香粉、面筋、香菇、黄花、木耳，中火煮 3 分钟左右后，加入花生米再煮 2~3 分钟。

⑦ 放入余下所有菜，改用小火，加入适量的盐和绵白糖炒均匀即关火，之后加入香油拌匀出锅。

营养贴士：这道菜可以说是营养价值非常丰富，多种蔬菜提供了各种维生素和微量元素，同时它的颜色搭配还可提高孕妈妈的食欲，美味又健康。

西式土豆泥

主料：土豆 2 个、胡萝卜 50 克、黄瓜 50 克

配料：蛋黄沙拉酱适量

调料：盐 4 克、白糖、白胡椒粉各适量

做法：

① 土豆洗净，上蒸锅蒸 15 分钟左右（以土豆大小而定，熟透为止，关火后可用筷子插入试下）。

② 将胡萝卜、黄瓜切成小丁备用。

③ 蒸熟的土豆放凉后剥皮，放入一个干净的保鲜袋中封口，用擀面棍擀成泥。

④ 准备 1 个干净的拌碗，将土豆泥、胡萝卜丁和黄瓜丁都放入碗中。

⑤ 碗中加入适量的蛋黄沙拉酱、少许盐、白糖和白胡椒粉拌匀后成盘即可。

营养贴士：土豆是一种非常好的食品，它所富含的蛋白质很接近动物蛋白，而且脂肪含量很低。同时，土豆中还含有丰富的维生素、微量元素和赖氨酸、色氨酸，易于人体吸收。由于是给孕妈妈食用，为减少使用调味品，蛋黄沙拉酱要少放些，可加入少量的盐、糖和白胡椒粉增加口感。

香椿豆

主料：干黄豆 50 克、鲜香椿 100 克

调料：盐 4 克

做法：

① 干黄豆洗净，用清水泡发（一般情况干黄豆的泡发都比较长，需要 10~12 小时）。

② 鲜香椿择好、洗净，锅中放入适量的水，水开后加入香椿，焯水后即刻捞出备用。

③ 锅中再次放入适量的清水，将泡好的黄豆放入水中，中火煮五六分钟关火。

④ 将焯好的香椿和煮好的黄豆放入盘中，加入适量的盐拌匀即可。

营养贴士：黄豆的营养价值非常全面，不但富含蛋白质、大豆脂肪，还含有丰富的钙、磷、镁、铁、锌等微量元素。同时，大豆蛋白的氨基酸组成和动物蛋白类似，比较接近人体需要，而且更容易被人体所吸收，是一种很理想的食材。香椿含有多种维生素和矿物质，特别是维生素 C 含量非常丰富，和黄豆拌成凉菜是很好的搭配。需注意的是，香椿中除含有有益成分外还含有亚硝酸盐，需用沸水焯烫 1 分钟后再食用，可去除 2/3 以上的亚硝酸盐，还不影响色泽。

可口热菜

彩椒牛肉

主料：绿椒、红椒、黄椒各半个，牛里脊 100 克

配料：姜、大葱各少许

调料：盐 4 克、生抽 2 汤匙、干淀粉少许

做法：

① 牛里脊洗净、切片，加入少许盐、生抽和干淀粉拌匀，腌制备用。

② 将绿、红、黄椒切成与牛肉片大小相似的块。

③ 姜切丝，大葱切细段备用。

④ 锅微热后放入食用油，加入姜丝、葱段炒出香气后，将牛肉片放入锅中小火翻炒。

⑤ 牛肉炒至七成熟后加入绿椒，改用中火翻炒至牛肉全熟。

⑥ 锅中加入红、黄椒和适量的盐炒匀出锅。

营养贴士：牛肉蛋白质含量高、脂肪含量低，它的氨基酸组成比猪肉更接近人体需求，适当食用可以提高机体的抗病能力。青椒和彩椒中含有丰富的抗氧化剂，如维生素 C、β－胡萝卜素等，能清除使血管老化的自由基，同时它也含有维生素 B_6 和叶酸，可对减轻孕吐起到帮助作用，同时又可为孕妈妈提供所需的叶酸。

番茄牛肉

主料：牛腩肉 2 斤、西红柿 1 个

配料：葱几段、姜 3 片、蒜三四瓣、大料 1 个、花椒几粒、小茴香十几粒、桂皮 1 小片、番茄酱少许

调料：盐 8 克、糖少许、生抽 2 汤匙、老抽 1 汤匙、料酒少许。

做法：

① 牛腩肉洗净切成 2 厘米见方的块，葱、姜、蒜洗净，葱切寸段，姜切片备用。

② 西红柿洗净切成滚刀块备用。

③ 锅中放入牛腩肉和葱、姜、蒜、大料、花椒、小茴香、桂皮。

④ 将适量的盐、糖、生抽、老抽、料酒加入锅中，直接开火加热。

⑤ 将肉紧出水后，加入适量的热水炖开。

⑥ 另准备 1 个炒锅，小火加入少许食用油和番茄酱，炒香后加入西红柿，稍做煸炒关火。

⑦ 将炒过的西红柿放入肉锅中，中火炖 30~40 分钟关火出锅。

营养贴士：牛肉蛋白质含量高、脂肪含量低，牛肉中含有的丰富的蛋白质和氨基酸可帮助孕妈妈提高免疫力，防治下肢水肿。番茄中含有番茄红素，有抗氧化和抑菌的功效。番茄牛肉不仅营养丰富，而且酸酸的口感很适合孕妈妈食用。

黄瓜鸡丁

主料：黄瓜、胡萝卜各 1 根、鸡胸肉 150 克

配料：姜、葱适量

调料：盐 6 克、生抽 1 汤匙、干淀粉少许

做法：

① 鸡胸肉洗净切 2 厘米见方的块，加入少许盐和干淀粉拌匀腌制备用。

② 将黄瓜和胡萝卜切成与鸡块大小相似的块。

③ 姜、葱切丝备用。

④ 锅微热后放入食用油，加入姜、葱炒出香气后将鸡肉放入锅中翻炒。

⑤ 鸡肉炒至七成熟，加入适量生抽，加入胡萝卜，将鸡肉和胡萝卜翻炒 3~5 分钟。

⑥ 放入黄瓜翻炒 2~3 分钟后，加入适量的盐炒匀出锅。

营养贴士：黄瓜属葫芦科植物，它含有的维生素 C 可提高人体免疫功能。胡萝卜营养价值丰富，尤其是胡萝卜素含量高于番茄的 5~7 倍。鸡肉肉质细嫩易于吸收，搭配炒制更利于营养吸收，促进胎宝宝发育。因为胡萝卜中的维生素 A 与动物脂肪相结合可更有利人体吸收，制作过程中应与鸡肉一同先进行炒制。

肉片菜花

主料：散菜花 200 克、猪里脊肉 100 克

配料：姜、葱各适量

调料：盐 6 克、生抽 1 汤匙

做法：

① 散菜花洗净，切成小块，猪里脊肉切成薄片备用。

② 葱切细段，姜切丝备用。

③ 锅中放入少许食用油，放入猪里脊肉，煸香后加入葱、姜、适量生抽，中火炒至肉片全熟。

④ 放入散菜花块，中火翻炒 3~5 分钟后，加入适量的盐炒匀出锅。

营养贴士：菜花又叫花椰菜，十字花科蔬菜，富含B族维生素和维生素C。散菜花是菜花的一个品种，由于头部生长得比较松散，炒制时比其他品种的菜花更易入味。猪里脊肉是人体补充动物蛋白的重要来源，配合炒制散菜花会吸收其中的香气，口感上会很美味。制作过程中注意，由于散菜花水分含量少容易煳锅，可以在最后一步加入少许的水再进行翻炒。

酸菜鱼

主料：草鱼 1 条，四川酸菜 1 袋

配料：大蒜 5~6 瓣，姜片 2 片，高汤 1000 毫升

做法：

① 草鱼洗净，去鳞、去内脏，用刀切片。

② 四川酸菜切成小段，大蒜切片。

③ 锅中放入底油，烧热后加入蒜片、姜片爆香。

④ 下入酸菜，翻炒出香味。

⑤ 锅中加入高汤，煮沸后转小火，继续煮 15 分钟至汤汁浓稠变色。

⑥ 下入鱼片，汆烫片刻即可关火。

营养贴士：高汤可用等量清水代替。鱼的品种选择可以根据自身喜好。因为酸菜本身已有少许辣味，本菜中没有另加辣椒，可根据个人饮食习惯加入少许辣椒。但是孕期不宜大量食辣，否则容易导致孕妇上火、便秘等症状。

糖醋排骨

主料：猪肋排1000克

配料：葱几段、姜3片、八角1个、盐6克、料酒、糖2勺、醋2勺、老抽少许、淀粉适量

做法：

① 猪肋排洗净、切块，葱、姜洗净，葱切段、姜切片放入锅中。

② 锅中依次加入冷水、料酒、少许盐和八角，放入切好的排骨，中火煮20分钟左右。

③ 将煮好的排骨捞出，控水备用。

④ 准备2只小碗，加入2勺醋、2勺糖、少许老抽、适量的淀粉和水拌匀，制成碗汁备用。

⑤ 锅中放入食用油，大火烧到七成热后，放入控好水的排骨，炸至金黄后盛出控油。

⑥ 将调好的碗汁放入锅中，中火翻炒后加入炸好的排骨，翻炒挂汁后关火即可。

营养贴士：排骨含有丰富的动物蛋白和脂肪，同时还含有一定量的骨胶原，配以糖醋汁制作可以在补充营养的同时增加孕妈妈的食欲。

豌豆虾仁

主料：虾仁 250 克，鲜豌豆 250 克

调料：盐适量

配料：姜丝少许

做法：

① 虾仁解冻，豌豆洗净，控干表面水分。

② 锅中放入食用油，加热至七成热后下入姜丝爆香。

③ 下入豌豆煸炒片刻。

④ 下入虾仁，调入盐，翻炒至虾仁变色后关火。

营养贴士：虾仁富含大量的优质蛋白，对于产妇的营养补充起到关键性作用。豌豆含有大量的蛋白质及人体必需的各种氨基酸。豌豆有利小便、解疮毒、通乳及消肿的功效，是脱肛、慢性腹泻、子宫脱垂等中气不足症状的食疗佳品，哺乳期女性多吃点豌豆更可增加奶量。两种食材结合，不但色泽诱人，更使得营养加倍哦。

五彩鸡丝

主料：香菇 2 朵、芹菜 50 克、胡萝卜 50 克、鸡胸肉 150 克

配料：姜、葱各适量

调料：盐 4 克、生抽 1 汤匙、干淀粉少许

做法：

① 鸡胸肉洗净、切丝，加入少许盐和干淀粉拌匀，腌制备用。

② 将香菇、芹菜和胡萝卜切成与鸡丝大小相似的细丝。

③ 姜、葱切丝备用。

④ 锅微热后放入食用油，加入姜、葱炒出香气后，将鸡肉放入锅中翻炒。

⑤ 鸡丝炒至七成熟后加入适量生抽翻炒，之后加入胡萝卜和香菇炒 3~5 分钟。

⑥ 放入芹菜翻炒 2~3 分钟后，加入适量的盐炒匀出锅。

营养贴士：香菇是一种高蛋白质、低脂肪的菌类食品，富含 B 族维生素和维生素 D。其中 B 族维生素有缓解孕吐的功效，维生素 D 又是钙补充时所必需的元素。芹菜具有凉血、降压的功效，配合胡萝卜、香菇与鸡肉一同炒制，可在提供丰富营养的同时增加色彩上的刺激，增进孕妈妈的食欲。

菠菜炒鸡蛋

主料：菠菜 200 克、鸡蛋 1 个

配料：大葱少许

调料：盐 4 克

做法：

① 菠菜洗净、切段，切少许大葱备用。

② 鸡蛋打散，锅中放入食用油。待油五成热后，将打散的鸡蛋入锅翻炒，盛出备用。

③ 锅中加入适量的水烧开，菠菜放入开水中焯 1~2 分钟，滤掉汤汁。

④ 锅中再放入少许油，依次放入葱、菠菜，翻炒 2~3 分钟。

⑤ 将炒出的鸡蛋放入锅中翻炒，加入适量的盐即可出锅。

营养贴士：菠菜中铁、钾元素含量相当高，同时还含有丰富的维生素 K、维生素 A。鸡蛋富含蛋白质，搭配菠菜炒制营养价值丰富。但由于菠菜中含有草酸，与其他食物中的钙结合会形成草酸钙，所以建议将菠菜制于沸水中焯后，滤掉汤汁再炒会更佳。鸡蛋本身很吸油，所以炒鸡蛋时的油要热一点而且稍加翻炒即可，这样可以减少吸油量，会更健康。

醋熘白菜

主料：白菜 400 克

配料：大葱少许、干辣椒 1 个

调料：盐 4 克、糖少许、醋 2 汤匙。

做法：

① 白菜洗净、切片，大葱切细段，干辣椒洗净备用。

② 锅微热后放入食用油，下入葱和干辣椒稍翻炒后，下入白菜，中火翻炒 2~3 分钟。

③ 加入适量的糖和醋后继续翻炒 2~3 分钟。

④ 加入适量的盐炒匀，关火出锅。

营养贴士：大白菜属十字花科蔬菜，含有丰富的维生素，早期孕妈妈的胃口都不太好，加入醋和糖炒制，可在补充维生素的同时帮助孕妈妈开胃，缓解孕早期的不适。

蚝油生菜

主料：生菜 400 克

配料：大蒜两三瓣

调料：蚝油 1 汤匙、酱油 1 汤匙、白糖少许、水淀粉少许、盐 4 克

做法：

① 生菜洗净，摘去老叶。蒜切成末。

② 锅中放入清水，烧开后加入盐少许、油几滴，将生菜汆烫几秒后捞出，控干水分，放入盘中。

③ 炒锅中放入少许底油，烧热后加入蒜末爆香，调入蚝油、白糖和酱油。

④ 炒匀后调入水淀粉勾芡，调好的酱汁淋在生菜上即可。

清炒豌豆尖

主料：豌豆尖 400 克

配料：大葱少许

调料：盐 4 克

做法：

① 豌豆尖择好、洗净，大葱切细段。

② 锅微热后放入食用油，下入葱段稍翻炒后下入豌豆尖，大火炒 1~2 分钟。

③ 加入适量的盐炒匀，关火出锅。

营养贴士：豌豆尖是豌豆枝蔓的尖端，富含维生素 A、维生素 C，同时还含有大量的抗氧化物质，是很好的防老化食品，在制作过程中为避免维生素 C 的流失，更适合大火爆炒即可出锅。

糖醋水萝卜

主料：水萝卜 400 克

配料：葱适量

调料：盐 4 克、糖 2 勺、醋 2 勺、生抽少许、淀粉适量

做法：

① 水萝卜洗净，切成滚刀块，葱洗净、切细段。

② 锅中放入适量的水和切好的水萝卜，加少许盐，中火煮 2 分钟左右。

③ 将煮好的水萝卜捞出，控水备用。

④ 准备 1 只小碗，加入醋、糖、生抽、淀粉和水拌匀，制成碗汁备用。

⑤ 锅中放入食用油，大火烧到七成热后放入控好水的水萝卜，炸后盛出控油。

⑥ 锅中放入底油，放入葱炒香后将调好的碗汁倒入锅中，中火炒开后加入炸好的水萝卜，翻炒挂汁后关火即可。

营养贴士：水萝卜中的维生素 C 含量高，维生素 C 可以起到帮助钙吸收的作用，配以糖醋汁制作，甜酸适中、清淡可口，可帮助孕妈妈增进食欲。

香椿炒鸡蛋

主料：鲜香椿 100 克、鸡蛋 2 个

调料：盐 3 克

做法：

① 鲜香椿择好、洗净，锅中放入适量的水，水开后加入香椿，焯水后即刻捞出，控水后切成末备用。

② 准备 1 只干净的碗，将切好的香椿末和打散的鸡蛋放入碗中，加上适量的盐拌匀。

③ 锅中放入适量的食用油，大火烧至六七成热后加入香椿蛋液。

④ 大火翻炒两三分钟关火出锅。

营养贴士：这道菜非常适合春季食用，香椿中含有多种维生素和矿物质，特别是维生素 C 含量非常丰富，用沸水焯烫后可去除大部分其本身所带的亚硝酸盐，鸡蛋的蛋白质含量丰富，配合炒制味道鲜美，增进食欲。

虾皮小白菜

主料：小白菜 500 克

配料：虾皮 1 小把、葱花少许

调料：盐 3 克

做法：

① 小白菜洗净，控干水分，切成小段。

② 锅中放入食用油，烧热后加入葱花爆香。

③ 加入小白菜翻炒后下入虾皮。

④ 出锅前加入适量盐调味。

营养贴士：虾皮含有丰富的钙质，可以帮助准妈妈补钙，不但可以和小白菜一起食用，还可以搭配其他的青菜，如油菜、西葫芦、大白菜等。

什锦虾仁

主料：虾仁 500 克、豌豆粒 50 克、玉米粒 50 克、胡萝卜 25 克

配料：葱花、姜丝各少许

调料：盐 4 克

做法：

① 虾仁洗净，控干水分。胡萝卜去皮，切丁备用。

② 锅中放入适量食用油，烧热后放入葱花及姜丝爆香。

③ 下入胡萝卜丁、豌豆粒及玉米粒，翻炒 5~8 分钟。

④ 放入虾仁，翻炒片刻至虾仁变色，调入盐后翻炒出锅。

营养贴士：虾仁含有丰富的蛋白质，加入彩色的蔬菜，补充营养的同时又可以增加准妈妈的食欲。加入姜丝可以去掉虾仁本身的腥味。因为虾仁本身容易熟，所以在炒制过程中最后加入即可。

香醇靓汤

番薯山药糖水

主料：红薯半块、山药一小段、枸杞5~6个

调料：冰糖少许

做法：

① 红薯、山药洗净、去皮，切成1厘米见方的小丁备用。

② 锅中放入适量清水，烧开后加入红薯丁、枸杞及山药丁。

③ 大火烧开后转小火，炖煮半小时左右。

④ 调入冰糖，再次煮开后关火。

营养贴士：红薯内含有大量的膳食纤维，能够有效改善便秘的情况，对于缓解孕晚期准妈妈们由于腹部压力过大而造成的大便干燥或排便不畅有良好的食疗作用。山药中含有大量的淀粉及蛋白质、B族维生素及维生素C等营养成分，且中医认为山药有健脾、补气、除湿等多种功效，适用于妇女产后调养。但需要注意的是，在制作过程中，应该充分煮熟，否则会造成难以消化或反酸、腹胀等不适感。最好去皮后食用。

奇异果银耳羹

主料：银耳 10 克、奇异果 2 个

调料：冰糖适量

做法：

① 银耳提前用冷水泡发，洗净后摘小朵。

② 奇异果去皮，切小丁备用。

③ 锅中放入清水，大火烧开后加入银耳，再次煮开后转小火，继续炖煮半小时。

④ 加入适量冰糖，小火煮 10 分钟左右。

⑤ 加入切好的奇异果丁，关火。

营养贴士：奇异果富含多种维生素及叶酸，特别是维生素 C 含量高，可以促进铁的吸收。同时奇异果含有丰富的膳食纤维，可以增加肠道蠕动，对缓解孕期产生的便秘有一定功效。酸甜的口感也可以适当缓解准妈妈的早孕反应。

樱桃萝卜汤

主料：樱桃萝卜 100 克

配料：香葱少许

调料：香油少许、盐 2 克

做法：

① 樱桃萝卜洗净，将萝卜缨与萝卜切开，萝卜切成细丝。

② 锅中放入适量水，加入香葱、萝卜丝后中火煮两三分钟。

③ 加入适量的盐，关火后加入萝卜缨和少量香油。

营养贴士：樱桃萝卜水分含量高达 94.5%，同时还含有多种矿物质和微量元素，其中的维生素 C 含量是番茄的 4 倍。煮汤食用不但口味好，配上绿绿的缨子还可在色泽上提高孕妈妈对食物的兴趣。注意为避免维生素 C 的流失，煮的时间要短。

花样主食

开胃菠萝炒饭

主料：菠萝半个，米饭 400 克，虾仁 50 克，腰果 50 克，豌豆 25 克

调料：盐适量，咖喱粉 2 小勺

做法：

① 菠萝取肉，切小丁备用。

② 锅中倒入食用油，加热至七成热后，加入虾仁和豌豆翻炒。

③ 倒入米饭，将米饭炒散后，加入菠萝丁和腰果翻炒均匀。

④ 加入盐、咖喱粉调味，翻炒均匀后关火。

营养贴士：挑选菠萝时尽量选择个头稍大的，小个子的菠萝成熟度差，吃起来口感不好。米饭可以选用隔夜饭，如果是新蒸出的米饭尽量晾凉，稍微蒸发掉一些水分，这样的炒饭口感更好。如果不喜欢咖喱口味，咖喱粉可以省略。

这道菜选用新鲜水果制作，酸酸甜甜的菠萝粒和坚果、鲜虾混合，既保证了营养，又使口感更佳清爽。适合有早孕反应的准妈妈食用。

韩式炒饭

主料：米饭 1 碗、培根 3 片、韩式泡菜 50 克

配料：葱花少许

调料：盐 2 克

做法：

① 将泡菜切碎，培根切段备用。

② 锅中放入食用油，烧热后加入葱花爆香。

③ 将泡菜和培根放入锅中，翻炒 5 分钟。

④ 倒入米饭，调入适量盐，继续翻炒至颜色均匀。

糊塌子

主料：西葫芦 200 克、胡萝卜 100 克、鸡蛋 2 个、面粉 300 克

配料：大葱适量

调料：盐 6 克

做法：

① 西葫芦洗净、切丝，胡萝卜洗净、去皮、切丝，大葱切细丝备用。

② 取 1 只干净无油的盆放入西葫芦丝、胡萝卜丝和大葱丝，加入适量的盐拌匀，放 3~5 分钟。

③ 盆中放入适量面粉，打入鸡蛋（一般两三个人食用量加入 2 个鸡蛋即可）。

④ 加入适量的水，顺同一方向搅拌成糊状。

⑤ 锅中放入食用油，加入面糊，摊成薄饼状，中间翻一次，使两面均匀受热。

⑥ 烙熟后盛盘即可。

营养贴士：西葫芦富含维生素 C 和矿物质，尤其是钙的含量极高，胡萝卜富含维生素 A，鸡蛋是蛋白质的很好食物来源，搭配面粉制成面食食用，营养丰富制作简单。

蜜豆小窝头

主料：玉米面 1000 克

配料：蜜红豆 100 克、小苏打 6 克

做法：

① 取 1 个干净、无油的盆，放入玉米面和小苏打（每 1 斤玉米粉加 3 克小苏打），加入适量的水，揉成面团，盖上盖子饧发 1 小时左右。

② 饧好的面团加入蜜红豆（超市直接购买），揉匀后制成拳头大小的窝头。

③ 蒸锅放入适量的水，笼屉上铺好屉布，窝头放在屉布上。

④ 开火蒸至上气后，再大火蒸 25~30 分钟即可。

营养贴士：玉米的营养价值丰富，含有大量的卵磷脂、亚油酸、维生素 E 和纤维素等，蜜豆是由红豆制成，红豆有健脾的功效，蜜制后香甜可口，搭配制成玉米面窝头可使粗粮变得松软可口，更容易被孕妈妈所接受。

酸汤面

主料：面条500克，油菜心适量，鸡蛋2个，豆泡5个

配料：葱、姜各适量

调料：生抽1汤匙、盐4克、白胡椒粉少许、辣椒油少许，醋适量

做法：

① 锅中放入少量食用油，2个鸡蛋打散后，待锅中油热后，将鸡蛋摊成薄饼。取出后放凉，切成细条备用。葱、姜切末，豆泡切片备片

② 锅中加入食用油（少量），烧热后加入葱末、姜末，爆香。

③ 倒入醋，大火烧开。

④ 倒入2碗开水，加入盐、生抽、白胡椒粉和辣椒油后继续煮沸，加入切成薄片的豆泡。煮10分钟左右关火备用。

⑤ 油菜心用开水焯熟，控干水分备用。

⑥ 另取1个锅煮面，面条煮好后控去水分，装碗，倒入酸汤，加入青菜和鸡蛋丝。

营养贴士：单独制作的酸汤风味更佳独特，酸辣口味可以自己调控。

一碗面里富含青菜、鸡蛋和豆制品，营养均衡，可以当作正餐，也可以作为准妈妈们的一道加餐。

红豆山药粥

主料：红豆 50 克、山药 100 克、大米 100 克

做法：

① 将红豆提前泡 4~5 小时，大米淘好。

② 山药洗净、切滚刀块，放入清水中备用（山药易氧化，放入清水中可避免变黑）。

③ 将泡好的红豆和淘好后的大米加入适量的水，大火烧开后改为中火，煮 30 分钟左右。

④ 将山药放入锅中，再用中火煮 20 分钟左右关火出锅。

营养贴士：红豆含有丰富的维生素，与山药一同煮粥可起到健脾宜肾的功效，同时还可以帮助孕妈妈提高自身的免疫力。

小米红枣粥

主料：小米 150 克、红枣 50 克

做法：

① 红枣洗净，小米淘净备用。

② 锅中加入小米、红枣和适量的水，大火烧开后中火煮 40 分钟左右，关火即可。

营养贴士：小米中富含磷、镁、钾，有助于维持神经健康，具有降低血压、养胃止吐的功效。红枣是补血的佳品，可提高人体的免疫力，健脾益胃，同样具有止吐的功效。食用小米红枣粥可有效帮助孕妈妈缓解孕早期的不适。

紫米红枣粥

主料：紫米 100 克、大米 100 克、红枣 50 克

做法：

① 红枣洗净，紫米和大米以 1:1 的比例，淘净备用。

② 锅中加入紫米、大米、红枣和适量的水，大火烧开后中小火煮 40 分钟左右，关火即可。

营养贴士：紫米属于糯米类谷物，富含赖氨酸、色氨酸、维生素 B_1、维生素 B_2、叶酸等多种营养物质，有补血益气、暖脾胃的功效。红枣是补血的佳品，可提高人体的免疫力，健脾益胃，同时还具有止吐的功效，搭配煮粥食用清香软糯，营养价值较高，还可有效帮助孕妈妈缓解孕早期的不适。

六、医生女儿的孕早期故事

由于我已经是 33 岁的年纪，并且还同时合并了多种疾病，所以我对怀孕这件事格外重视，也比较担心。在停经 33 天我就已经通过早早孕试纸测试出自己怀孕了。于是我马上到妇产科找到专科医师帮忙，妇产科的同事帮我开了抽血检查，主要是测试体内黄体酮和雌激素的水平。不测还好，这一测，发现我的黄体酮很低。黄体酮是由卵巢黄体分泌的一种天然孕激素，为维持妊娠所必需。如果黄体酮过低，则存在流产等风险。妇产科医师给我开了口服的黄体酮胶囊，叮嘱我按时服药，并让我一周后复查。这样维持了三周，我的黄体酮还是处在比较低的水平，我开始紧

张了，生怕会有不好的事情发生。这时妇产科同事给我安排了 B 超检查，见到 B 超下胎心、胎芽发育都很好，她安慰我说不要太紧张，而且建议我开始肌肉注射黄体酮保胎，并建议我停止工作和过多的活动，尽量保持静养，防止意外发生。作为一个临床医生，平时的工作量非常大，而且又需要经常值夜班，我意识到这样的工作强度对早期妊娠，特别是先兆流产的女性来说存在一定的风险，于是我找到我的领导，向他说明了我的情况，领导很宽容也很理解，准许我请假在家保胎治疗。产科医师建议我要一直等到 12 周胎盘完全形成并拥有健全的功能后，再恢复正常的作息。

随着孕早期一天天地度过，我开始出现了早孕反应，每天清晨总是伴着难以名状的恶心感醒来，一整天嘴里都有反酸、胃部胀满的感觉，最让我难受的是常常要吐口水，每次出门都要带上好几条手绢和塑料袋，因为不知道自己什么时候会呕吐。我的口味也在悄悄地发生变化，变得特别爱吃辣椒，简直就是“无辣不欢”，我会央求老公开车 20 公里去吃一顿湖南菜，或者跑到郊区去买几个包子，尽管可能吃完就要吐出来，老公还是很理解很体谅我那时候的状态，尽量满足我的要求。伴随着恶心反胃，还有几乎不停歇的牙龈出血，我知道这是由于孕期牙龈组织变得柔软而充血水肿引起的，除了更换了软毛牙刷外，我也注意维生素 C 的摄入，每天保证足够水果的摄入。

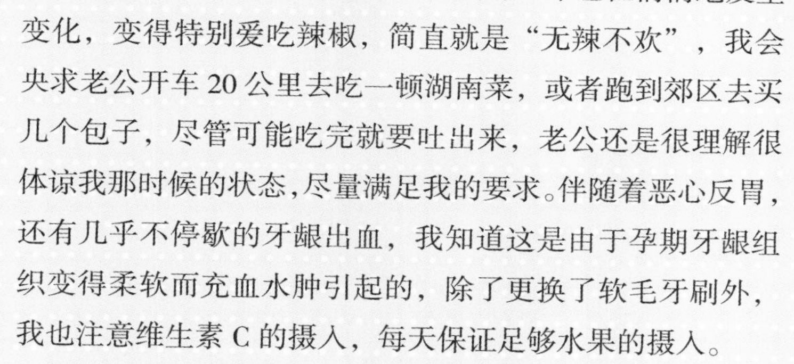

我的情绪也开始变得喜怒无常，经常因为一件小事就发脾气，比如老公下班回家晚了一点儿，又或者晚饭稍微淡了些等。这时候家人对我的理解和体谅至今我还难以忘怀。妈妈也安慰我，说要努力调整心态，不然对宝宝不好。于是我慢慢放松自己的心情，每天听些舒缓的音乐，看看轻松的杂志或者小说，并在房间里张贴了几张漂亮的宝宝照片，每天和肚子里的宝宝进行交流，聊聊天。慢慢地自己的心情也就放松下来了。

就这样，经过了 12 周的等待，我的孕早期在担忧、恶心和喜怒无常中度过了。到了孕早期结束的时候，我的产科医师告诉我，黄体酮可以停药了，因为现在胎盘已经比较成熟，宝宝可以通过脐带汲取母体的营养，进入了相对安全的时期。于是我带着略显粗壮的腰身和微微隆起的肚子恢复了正常的工作和生活。

GAP

孕中期营养全知道

一、你需要知道的医学常识

孕中期是指孕 13~28 周。处在这一阶段的孕妈妈和胎宝宝们都已稳定，孕妈妈的机体代谢加速，胃口好、食欲大。在这一阶段孕妈妈和胎宝宝都需要补充大量的营养，除了要多食用瘦肉、鱼类、鸡蛋等蛋白质丰富的肉食外，还应该多吃新鲜的蔬菜和水果来补充所需的维生素。同时，下午适当地增加一顿加餐可以帮助孕妈妈及时补充能量，这是个很好的选择。

1. 孕中期的体重管理

自孕中期开始，早孕反应渐渐消失，随之而来的是准妈妈胃口大开，进食量增加。同时由于这一阶段营养素需求量大，所以往往从这时候开始，孕妇的体重会开始进行性增长。必要性的体重增加是确保顺利妊娠的重要因素之一，但是很多准妈妈为了让胎宝宝更加健康，从来不忌口，也不控制食物的摄入量，使自己的体重在整个孕期上涨过快、过高，导致妊娠糖尿病、高血压等孕期并发症，同时造成巨大儿的诞生，影响了宝宝的健康。孕中期开始每周体重正常增加值应控制在 400 克左右（以孕前体重正常的妈妈为例），适时地监测体重，根据自身的情况对饮食进行适当的调整是非常有必要的。同时，还应根据自身的体能情况每天进行不少于 30 分钟的低强度运动，如散步、做体操等。当然，如果自身条件良好，能够有 1~2 小时的户外活动是最好不过的了，因为户外的活动可以晒晒太阳补充维生素 D，又有利于钙的吸收。

在整个孕期，孕妈妈应该根据自身的体重情况对自己进行体重管理，根据自己孕前的体重计算出自身的BMI值来调整自己的体重变化。孕前 BMI ≤ 20 千克：体重增加范围为 11.5 千克 ~16 千克。孕前 BMI 20 千克 ~25 千克：体重增加范围为 12.5 千克 ~18 千克。孕前 BMI ≥ 25 千克：体重增加范围为 7 千克 ~11.5 千克。

根据上述指标，准妈妈在整个妊娠期体重平均增长约 12.5 千克。

2. 关于宝宝的畸形筛查

在孕中期，胎宝宝的各个脏器及肢体发育处于高峰期，是进行胎儿畸形筛查的适合阶段。一般在 18~24 周时，专科医师会建议准妈妈进行 B 超检查，以筛查胎儿器官或肢体的畸形。因为如果到了孕晚期，由于胎儿不断长大，体位受到限制，在 B 超下很难看得全面，因此会降低畸形的检出率。此外，很多准妈妈都听说过“唐筛”检查，其实“唐筛”就是筛查宝宝是否存在唐氏综合征的一种手段，以排除宝宝先天愚型的发生。一般唐筛检查会安排在孕中期 15~20 周，特别是 16~18 周最为适宜，通过抽取准妈妈的血液进行筛查。如果唐筛检查异常或者年龄超过 35 岁的准妈妈，应该到专科就诊，由产科医师安排是否进行羊膜腔穿刺检查以明确胎儿是否存在染色体异常。

3. 警惕妊娠糖尿病

准妈妈在怀孕中期的时候，医生会要求准妈妈进行血糖测定，这个时间一般选择在 24~28 周之间。主要目的是用于诊断妊娠糖尿病。高血糖可以导致胎儿发育异常甚至死亡，流产率增加。妊娠期间出现血糖增高还会导致准妈妈在将来罹患 2 型糖尿病的概率增高。所以这项检查应该被准妈妈所重视，一旦出现血糖升高，应该积极干预，包括合理膳食，适当运动，控制甜食的摄入等。

4. 开始便秘了

孕中期的准妈妈会逐渐发现自己的腹部一天天地增大起来，欣喜幸福之余也伴随着一些小烦恼的到来。由于腹部慢慢增大，腹腔内压力增高，一部分准妈妈会出现大便不规律、干燥甚至是排便困难等不舒服的症状。这时候原本存在便秘现象的孕妇会更加痛苦，建议准妈妈不要自行服药，因为一些通便药会导致腹泻，从而引起流产的可能。可以调整自己的饮食结构缓解便秘症状，如果确实难以忍受，应该找专业的产科医师寻求帮助。

二、准妈妈和胎宝宝的变化

孕中期是准妈妈在整个孕期感觉最良好的时期。早孕反应逐渐消失，宝宝在妈妈的肚子里长得很“结实”，绝大多数准妈妈开始恢复正常的工作和生活。随着胎儿不断汲取母体的营养，准妈妈对营养的需求增高，加上停止早孕反应后一部分准妈妈开始大量进食，所以这个阶段很容易造成准妈妈体重升高过快或者合并妊娠糖尿病的可能。在这个阶段，准妈妈的肚子逐渐隆起，乳房开始增大发胀，甚至会有少量黏稠黄色的乳汁分泌，这时候，我们应该更换大号的棉质文胸，防止化纤内衣造成乳腺阻塞，还应该注意乳房的清洁。增大的腹部使得整个身体的重心前移，在走路和活动的时候应该格外注意保持平衡，避免剧烈活动导致身体失衡从而摔倒，最好更换上舒适的鞋子。一部分准妈妈还会出现间断腹痛的症状，这是由于增大的子宫对周边韧带牵拉所造成的，一般都可以自行缓解，当疼痛剧烈或者不能缓解的时候则需要到专科就诊。

在 16~20 周时，准妈妈会感觉出宝宝在肚子里的活动，即胎动。随着宝宝逐渐长大，胎动的次数和频率以及程度都会有所增加。增大的腹部还会导致准妈妈体位受限，从而影响睡眠，准妈妈应该在白天适当增加午睡时间保证休息。

在孕中期，也是宝宝飞速发育的阶段。在这段时间内，胎宝宝们的五官发育基本完成，听觉发育完善，对外界的声音刺激会有反应，所以准妈妈和准爸爸可以开始每天进行胎教，包括爱抚、轻声地对宝宝说话或者给宝宝听些舒缓的音乐，有时候宝宝还会对外界这些刺激做出回应。孕中期也是胎儿大脑发育的关键时期，脑内各个专属区域开始发育，这时候准妈妈应该适当增加深海鱼、核桃等食物的摄取，同时应该保证每天优质蛋白的摄入量以维持胎儿正常的发育需要。随着胎儿骨骼的发育，母体需要提供更多的钙质，如果此时准妈妈每日的钙摄入量不能保障，母亲就会出现一系列缺钙的表现，最常见的就是腓肠肌痉挛，即我们平日所称的小腿抽筋。所以在孕中期，准妈妈应该适当补充钙质，必要时应该服用钙片以维持每日需要量。缺钙还会导致胎儿牙齿发育不良，出生后的宝宝乳牙不够坚固等。

准妈妈和胎宝宝的变化

周数	准妈妈	胎宝宝
13	早孕反应逐渐消失，胃口大开。	听觉器官基本发育完善，对子宫外声音有反应，手指可以握紧。
14	乳房胀大，乳头分泌少许乳汁，仍有胃酸，部分人会有头痛症状。	头发迅速生长，面颊骨、鼻梁骨开始形成，可以做一些如皱眉等表情。
15	体内雌激素水平高，盆腔充血，白带增多。	体重达到 50 克，眉毛和睫毛开始生长，开始练习打嗝。
16	腹部突起明显，体重上升快，乳房增大、柔软。	体重约 150 克，可以完成伸手、踢腿、舒展等动作。
17	由于腹部韧带抻拉，有时会出现腹痛症状。	大脑发育充分，循环系统完全进入正常工作，可以平稳地吸入及呼出羊水。
18	准妈妈开始感觉出胎动，记录初次胎动时间。	偏向两侧的眼睛开始向内集中。
19	肚子明显增大，动作开始笨拙，胎动频繁导致夜间睡眠差。	味觉、嗅觉、触觉、视觉以及听觉开始在大脑专属区域发育。
20	腰部和腹部进一步膨胀，宫底每周大约升高 1 厘米。	皮下脂肪开始形成，拥有了脑部记忆功能。
21	升高的宫底导致呼吸变得急促，行动稍微迟缓了。	皮肤表面胎脂形成，开始有了固定的活动和睡眠周期。
22	身体逐渐变得笨重，胎动更加频繁。	体重约350克，手指的动作开始多起来了。
23	饭量增大，会出现“烧心”的感觉。	五官清晰，具备微弱视觉，呼吸系统快速建立中。
24	乳房继续增大，乳腺功能发达，可以分泌少量乳汁，宫高约 20 厘米。	体重达 500 克，充满母体整个子宫。
25	身体沉重，有时下肢酸痛。	大脑发育进入高峰期，视网膜发育完全，味蕾正在形成。
26	腹部进一步增大，肚脐突出，开始出现下肢水肿。	关节开始灵活，可以睁眼，嘴唇和鼻孔慢慢形成。
27	宫底接近肋缘，自觉气短。	大脑活动活跃。
28	增大的腹部使重心前移，容易腰背部酸痛，身体易失去平衡。	男孩的睾丸开始从腹腔向阴囊下降，女孩的小阴唇突起。对声音的分辨能力提高。

三、必不可少的营养补充

从孕中期开始，早期妊娠反应逐渐减退，胎儿进入了快速生长发育的阶段，随之而来孕妈妈对营养素的需求量也大大地增加了。孕妈妈身体所需的这些营养素不但要为胎儿生长发育提供充足的能量，同时还要为自身产后顺利泌乳进行能量上的储备。食物的丰富多彩，膳食的合理搭配变得尤为重要。对应营养素的增加，孕妈妈对食物的摄入量也相应地增大了，美味可口的食物增加了孕妈妈的快乐感。这些愉快的情绪也会随之传递给腹中的胎宝宝，让他在孕育的过程中一天天地快乐成长。这时候的孕妈妈挑食的习惯有所改善，但在健康合理饮食搭配的基础上还是要照顾她的口味，尽可能地让孕妈妈吃得既营养又开心。在这一阶段，除了按照上文中所提到的针对成年女性的营养建议外，饮食上还有以下几点需要注意。

1. 适当增加鱼、禽、蛋、瘦肉、海产品的摄入量

《中国居民膳食指南》一书建议，从孕中期开始每日增加 0.84 兆焦（200 千卡）的能量，其中蛋白质的增加量应为每天 15 克。其实只要注意营养搭配，这些能量的需求都可以从我们日常的食物中获得，其中鱼、禽、蛋、瘦肉就是人体获得优质蛋白的良好来源。在这里要建议孕妈妈每天至少食用1个鸡蛋。这是因为，鸡蛋的营养价值非常丰富，它不但富含蛋白质，蛋黄又是卵磷脂、维生素 A 和维生素 B_2 的良好来源，同时由于其氨基酸排列与人体最为相近，蛋白的吸收率又很好，无论是煮、蒸、炒都很简单、美味，孕妈妈可以根据自己的口味选择爱吃的制作方式。同时，还要建议孕妈妈重视鱼类和海产品的食用，这对孕 20 周后胎儿的脑和视网膜功能发育极为重要，建议每周最好能食用2~3 次。总体来讲，自孕中期开始，每日的鱼、禽、蛋、瘦肉摄入量增加总计应达到 50 克 ~100 克，这些能量的摄入基本可以满足需求。

2. 适当增加奶或奶制品的摄入以保证钙的需求

当孕宝宝发育到孕中期时，骨骼生长开始加快，宝宝的脑细胞也到了迅速发育的阶段，对钙的需求量明显增加，在孕中期，孕妈妈对钙的适宜摄入量达到了 1000 毫克每天。在这个阶段，奶及奶制品无疑是膳食中最好的天然钙的来源。由于中国传统饮食中

奶及奶制品所占的比重非常小，每日从其他食物中所获得的钙也不到适宜摄入量的一半，孕妈妈每日食用不少于 250 毫升鲜奶或奶制品是非常有必要的。奶及奶制品不但钙含量丰富，还富含蛋白质和几乎所有的维生素种类，特别是其中维生素 A 和维生素 B_2 的含量更高，这些都非常有利于胎宝宝的发育和生长。并且，保证足量的钙质摄入，对于预防准妈妈腿部肌肉抽筋及骨质疏松都有帮助。除此之外，钙也参与重要的生理功能，参与神经传导、肌肉收缩、血液凝固等重要作用。建议这个阶段的准妈妈每日补充 1000 毫克~1200 毫克的钙。同时，我们应该到产科门诊由医生判断是否开始服用钙剂。

3. 补钙的同时别忘补维生素 D

维生素 D 是准妈妈必不可少的维生素，它又称为骨化醇，是脂溶性维生素之一。维生素 D 是人体骨骼正常生长的必要营养。孕期如果缺乏维生素 D，准妈妈可能会出现钙代谢异常、骨质软化，而胎儿更可能会出现牙齿发育缺陷、骨骼发育异常，严重者会引起胎宝宝出生后发生佝偻病等，并增加龋齿发生的概率。准妈妈想要保证充足的维生素 D 摄入，应该多晒太阳，含有维生素 D 的食物有鱼肝油、沙丁鱼、蛋类及添加了维生素 D 的奶制品等。

小贴士：

由于奶类产品的乳糖含量高，有些孕妈妈在食用奶及奶制品时会有乳糖不耐受的情况发生，这里也提供几种帮助缓解的小方法：第一是改喝酸奶，酸奶中的活性菌会帮助我们更好地吸收；第二是少量多次饮用，因为人体的乳糖酶是可以培养的，长期多次饮用后在体内数量会增加，减缓不耐受的情况发生；第三是先吃点含碳水化合物丰富的食物，如面包、饼干等也会起到一定的缓解作用。

4. 常吃含铁丰富的食物

铁是构成血红蛋白和肌红蛋白的原料，也是人体生成红细胞的主要材料之一。铁在人体内含量较少，准妈妈从妊娠 16 周起，铁的需要量明显增加，因为胎宝宝要通过母体补充自身的需要。所以在妊娠中期，一部分准妈妈会出现缺铁性贫血，表现为头晕、乏力等症状。有研究表明，孕期缺铁性贫血仍然是我国孕妇的常见病和多发病。铁摄入不足还可能会导致新生儿贫血等危险，也容易造成早产或低体重儿的产生。富含铁的食物有菠菜、瘦肉、蛋黄、鱼类、动物肝脏和全血制品比如鸭血等。需要注意的是动物肝脏不宜多吃，每周 1~2 次即可。经常食用含铁丰富的食物，可以有效地缓解这一现象。同时，要注意多摄入富含维生素 C 的蔬菜、水果，在保证铁的摄入同时补充维生素 C，可以促进铁的吸收和利用。

5. 常补锌

锌是人体重要的微量元素之一，它参与很多生理机能的完成工作。锌对生殖腺功能也有着重要作用。在孕期，锌可以促进生长发育和组织再生，对促进胎儿性器官的正常发育起到重要作用。准妈妈缺锌会导致自身免疫力下降，并影响宝宝生长发育，使心脏、甲状腺等重要器官发育不良。富含锌的食物包括海产品、黄豆、小米、苹果等，准妈妈可以常吃上述食物适当补锌。

6. 必不可少的 DHA

DHA 是不饱和脂肪酸二十二碳六烯酸的缩写，是促进大脑发育的重要物质之一。DHA 是人类大脑形成和智力发育的必要物质之一。对胎儿的视觉、大脑活动及胎儿生长起到重要作用。如果缺乏 DHA 可以引起宝宝生长发育迟缓、智力障碍及影响宝宝视网膜的形成等。孕中期到孕晚期是胎儿大脑发育的高速期，准妈妈应该保证摄入足够的 DHA，食物中的核桃、沙丁鱼、亚麻籽、海鱼等都含有 DHA，也可以通过保健药品来满足每日需要。

7. 营养素需求的变化

由于从孕中期开始每日增加 0.84 兆焦（200 千卡）的能量，相对于孕早期而言，孕中期的孕妈妈在一些营养素摄入量上也要有所增加。

孕早期和孕中期需求量对比

营养素		孕早期需求量（每日）	孕中期需求量（每日）
蛋白质		70 克	80 克
矿物质	铁	15 毫克	25 毫克
	锌	11.5 毫克	16.5 毫克
维生素	VA	800 微克视黄醇当量	900 微克视黄醇当量
	VD	10 微克视黄醇当量	10 微克视黄醇当量
	B_1	1.5 毫克	1.5 毫克
	B_2	1.7 毫克	1.7 毫克
	B_6	1.9 毫克	1.9 毫克

总体来讲，孕中期的营养素需求是可以通过合理的膳食搭配获取的。当然，在医生的指导下即时地补充一些补剂也是非常有必要的，如有些妈妈贫血相对严重，单纯从食物中摄取不能满足需要，这时就要通过服用铁剂的方式来补充等。

在这里，还要特别说一下关于脂肪积累的问题。整个孕期需要有 3 千克 ~4 千克的脂肪积累，这是为产后泌乳而做的准备。孕期膳食中应保证脂肪的摄入量占总能量的 20%~30%，其中饱和脂肪酸、单不饱和脂肪酸、多不饱和脂肪酸都应摄取，孕妈妈不要因为单纯控制体重而过少食用动物性食物，尤其是肉、禽类食物。体重的控制是由多方面构成的，适当地运动也可以起到很好的效果。

总之，在孕中期饮食中孕妈妈要尽量吃得品种丰富，同时，搭配上自己爱吃的、想吃的食物，让自己开心地吃、营养地吃。当然，在保证每日能量摄入充足的同时又保证有适当的运动，尽可能达到能量的摄入和消耗的平衡。

附：一日食谱参考

餐次	食谱	数量	热量（千焦估值）
早餐	麦胚面包	100克	1031
	鲜牛奶	220毫升	540
	蒸蛋羹	100克（鸡蛋50克＋水50克）	300
	老醋菠菜花生	100克（菠菜75克＋花生25克）	733（菠菜116+花生617）
加餐	苹果	100克	227
午餐	二米饭	100克（大米75克＋小米25克）	456（大米87+小米378）
	土豆烧牛肉	200克（牛肉100克＋土豆50克＋胡萝卜50克）	772（牛肉523+土豆168+胡萝卜81）
	白灼芥蓝	100克	92
	小水萝卜汤	150克（水100毫升＋小水萝卜50克）	44
加餐	鲜榨石榴汁	100毫升	304
	腰果	25克	585
晚餐	红枣发糕	100克	1472
	青蒸鲈鱼	100克	439
	凉拌双花	100克（西蓝花50克＋菜花50克）	130（西蓝花75+菜花55）
	冬瓜丸子汤	150克（水75毫升＋冬瓜50克＋肉馅25克）	439（冬瓜26+肉馅413）
加餐	酸奶	125毫升	375
	香蕉	100克	389
合计			8328
总能量摄入	8328千焦＋油、盐等调味品为9500千焦~10000千焦（30克花生油的热量为1100千焦）。		

注：1千焦=0.239千卡

在孕中期时，因为要经过整个长达 8~10 小时的睡眠过程，孕妈妈在这一段时期内的新陈代谢又逐渐加快，所以晚餐后的加餐变得很有必要，牛奶、酸奶、水果等都是不错的选择。同时要注意，如同在孕早期中所提示的一样，睡前加餐是不易被消化的，食用的时间最好在睡前半小时。

四、准妈妈的疑虑

Q&A

夜里突然小腿抽筋，真疼怎么办

在孕期，特别是在孕中期及孕后期，宝宝对钙的需求量大大增加，准妈妈对钙的需求每日达到 1000 毫克 ~1200 毫克。如果钙的摄入不足，或由于怀孕后母体血容量增加，血液稀释导致钙浓度下降，准妈妈则会出现缺钙的表现，通常为夜间小腿腓肠肌痉挛，就是我们俗称的抽筋。此外，由于怀孕后准妈妈的体重增加，特别是增大的腹部造成下肢负荷过重，工作一天后回到家里放松下来才感到腿疼、抽筋等不适。这时候，准妈妈应该多吃富含钙的食物，比如虾皮、牛奶、豆浆、豆腐等，同时应该多晒太阳，保证体内维生素 D_3 的充足，促进钙的吸收。准爸爸也应该每天晚上督促准妈妈温水泡脚，并帮助准妈妈进行下肢及足部轻轻地按摩，以促进下肢血液循环。

胃口大开，管不住自己的嘴巴了，怎么办

经过了早孕期间的妊娠反应，感觉整个人都轻松了，宝宝慢慢稳定下来，准妈妈的心情也越来越好，随之而来的就是胃口大开。有些准妈妈怕严重的早孕反应会影响宝宝的发育，在孕中期更是特意多加饮食，甚至开始管不住自己的嘴巴了。其实，孕期每日所需的热量仅仅比怀孕前增加 200 千卡就够了，正常人每日所需的热量约 2100 千卡，那么准妈妈每天适当增加一些优质的营养就可以了，并不需要大量增加饮食，这样往往会带来体重过度增加、妊娠期糖尿病及高血压等危害。可以在三餐之间增加一些鲜果汁、水果或全麦面包等加餐，在三餐食谱的选择上，也可以尽量吃一些营养质量高的食物。准妈妈也应该少吃油炸、高盐或含有大量味精的零食。并且尽量不食用含有反式脂肪酸的零食，比如奶茶、一些市售饼干及含有人造黄油的派等糕点。以新鲜的水果蔬菜替代过多的零食是个不错的选择。

Q&A

血糖高了，怎么吃

如今，很大一部分孕妇都会出现妊娠期间血糖增高的现象，甚至被明确诊断为妊娠糖尿病。这样的情况不但会对胎儿产生危害，如发生胎儿畸形、羊水过多或早产等，也会对母体产生不良的后果。在妊娠 24~28 周期间，准妈妈要到产科门诊接受葡萄糖耐量试验来判断是否存在高血糖。如果确实存在血糖增高的情况，孕妈妈就应该适当控制自己的饮食，调整饮食结构。尽量减少油炸、油煎、油酥类食物，以及动物肉皮、肥肉等，少吃含糖量较高的甜点，并可以少吃多餐，将加餐换为全麦面包等杂粮食品，多摄取高纤维的食物如杂粮、蔬菜等。在身体条件允许的情况下，应该保证每天适度的运动，如散步、游泳等。这个时候正是宝宝发育的高峰时段，不要矫枉过正来进行节食，以防止胎儿发育不良。

每天都乏力，是不是贫血了

在孕中期，一部分的准妈妈会被同事、家人指出脸色不好看，或经常出现乏力、头晕等不舒服的症状。我们产检时，专科医师也会定期给我们开出血常规的检查，因为在这个时段，最容易发生妊娠期缺铁性贫血。孕期合并缺铁性贫血的准妈妈在分娩时容易发生宫缩乏力，从而导致产程延长、产后出血等危重的并发症。分娩后会阴、腹部刀口容易感染或不愈合。产后子宫恢复较慢，容易滋生细菌感染，引起子宫内膜炎。对胎宝宝来讲，准妈妈贫血可以影响胎儿生长发育，如宫内生长迟缓。胎儿容易早产或分娩时体重过轻。并可引起新生儿贫血，出生后发育较差、智力低下、行动迟缓等。所以，在孕中期，准妈妈要认识到、预防和及时发现贫血的危害性，定期到产科门诊进行检查，早发现，早治疗，必要时应该由专科医师指导治疗。

五、孕中期美味营养餐

爽口凉菜

蜂蜜山药

主料：铁棍山药 2 根

调料：蜂蜜 2 汤匙

做法：

① 铁棍山药洗净，切成 5 厘米左右的长段。

② 将切好的山药段上锅蒸 20~30 分钟。

③ 出锅后晾至微热，淋上蜂蜜即可食用。

营养贴士：山药本身味甘、性平，可起到健脾固肾的功效。选用产自河南温县的铁棍山药，是因为当地特有的土质和气候生产出的山药是最好的，蒸制食用功效最佳。在制作过程中要注意加热的食材会破坏蜂蜜中的营养成分，山药冷食又会产生腹胀的现象，所以将山药放至微热时加入蜂蜜食用，既可保证营养成分不被破坏又可避免不适感。山药皮同样也具有很高的营养价值，建议一同食用。

凉拌金针菇

主料：金针菇 100 克、小黄瓜 1 根

配料：蒜 2 瓣

调料：香油少许、盐 2 克、醋 1 汤匙

做法：

① 金针菇洗净，小黄瓜切成细丝，蒜轻拍切碎。

② 锅中加水烧开后，加入金针菇焯熟（2~3 分钟即熟）盛出放凉。

③ 将切好的小黄瓜和放凉的金针菇放入 1 个大碗中。

④ 将蒜、适量的香油、盐、醋放入大碗中，拌匀成盘即可。

营养贴士：金针菇中锌元素含量较高，对增强智力起到良好的作用，同时还含有丰富的氨基酸可增强人体的免疫力。配合含有丰富维生素的小黄瓜制成凉菜，不但可以为孕妈妈补充所需的维生素和微量元素，还可提高免疫力。

凉拌西芹

主料：西芹半根、鲜贝五六个

配料：花椒几粒

调料：生抽 1 汤匙

做法：

① 西芹洗净，切成寸段，锅中加入适量的水，焯后捞出备用。

② 鲜贝洗净，放入碗中，加入少许水泡 10~15 分钟后，顺纹撕成小丝。

③ 锅中加入少许食用油和花椒，炸至花椒出香关火，晾至八成热时加入适量生抽，制成花椒酱油。

④ 将鲜贝丝放入焯好的西芹中，淋上适量的花椒酱油拌匀即可。

营养贴士：西芹中的钾、钙、铁含量丰富，同时还富含膳食纤维，凉拌食用爽口开胃。西芹焯制时要注意时间，不可过长，会影响口感，也会流失更多维生素。

蒜香拌豆腐

主料：北豆腐半块

配料：蒜1瓣、香葱适量

调料：香油适量、盐4克

做法：

① 蒜轻拍、切碎，少许香葱切成细段。

② 锅中加水，烧开后加入豆腐，即可关火盛出。

③ 将放凉的豆腐、蒜、少许香葱段，适量的香油、盐、放入大碗中拌匀成盘即可。

营养贴士：北豆腐一般由卤水制成，较南豆腐更硬实。北豆腐中富含蛋白质、微量元素和碳水化合物，且易于人体吸收，很适合孕妈妈食用。但由于豆腐易变质且不易保存，如食用变质的豆腐容易导致腹泻。建议食用时购买新鲜的豆腐，在食用前先过热水焯一下，再配上适量的蒜。

盐水毛豆

主料：鲜毛豆 250 克

配料：花椒几粒、八角 1 个

调料：盐 4 克

做法：

① 鲜毛豆洗净后，将两头尖的部分用剪子剪掉备用。

② 锅中加入几颗花椒、八角、适量的盐和水烧开，煮出香气后关火，盛入 1 个干净的容器中放凉备用。

③ 锅中加入清水和鲜毛豆，煮 10 分钟左右盛出，放入装有花椒八角水的容器中。

④ 泡 1 小时左右后捞出，盛盘即可。

营养贴士：毛豆就是新鲜的大豆，含有丰富的大豆蛋白、多种维生素和钙、铁等矿物质，是一种物美价廉的食品。这道菜做法简单且热量低，营养价值高，不但可以当凉菜食用，还可当做小零食。

虾皮白菜心

主料：白菜心 200 克、虾皮 20 克

配料：青椒、彩椒、香菜各少许

调料：盐 3 克、香油少许

做法：

① 白菜心洗净、切细丝。

② 少许青椒、彩椒和香菜切成相应的细丝。

③ 锅微热后放入食用油，将虾皮微煎后即可关火。

④ 将白菜、青椒、彩椒和香菜成盘后，加入煎后放凉的虾皮。

⑤ 加入适量的盐和香油拌匀。

营养贴士：虾皮含有丰富的镁元素，同时又有“钙库”的美誉，是物美价廉的补钙佳品。怀孕期间钙流失量大，及时补充含钙量高的食物非常必要，搭配虾皮的凉拌白菜心不仅提供了钙和丰富的维生素，而且味道鲜美爽口。

可口热菜

彩椒鸡丁

主料：绿椒、红椒、黄椒各半个，鸡胸肉 150 克

配料：姜、大葱各少许

调料：盐 4 克、生抽 1 汤匙、干淀粉少许

做法：

① 鸡胸肉洗净，切 2 厘米见方的块，加入少许盐和干淀粉拌匀腌制备用。

② 将绿、红、黄椒切成与鸡块大小相似的块。

③ 姜切丝、大葱切细段备用。

④ 锅微热后放入食用油，加入姜、葱炒出香气后，将鸡肉放入锅中小火翻炒。

⑤ 鸡块炒至七成熟后，加入适量生抽，将鸡肉翻炒全熟。

⑥ 放入绿椒，改用中火翻炒 2~3 分钟后，加入红、黄椒和适量的盐，炒匀出锅。

营养贴士：青椒又称菜椒或甜椒，除绿色外还有黄色和红色等。青椒中含有丰富的抗氧化剂，如维生素 C、β－胡萝卜素等，能清除使血管老化的自由基，同时它也含有维生素 B_6 和叶酸，对减少孕吐起到帮助作用，同时又为孕妈妈提供叶酸的补充。搭配鸡肉炒制还可以提供适量的动物蛋白。但因青椒中所含的大量维生素 C 不耐热，所以不宜炒至全熟，微炒即可。

红烧平鱼

主料：平鱼 1 条、面粉 50 克

配料：葱少许、姜和蒜各适量、花椒几粒、八角 1 个

调料：盐 4 克、糖少许、醋 1 汤匙、生抽 2 汤匙

做法：

① 平鱼去鳞和内脏后洗净、控水。

② 葱切成 2 厘米长的段，姜切薄片，蒜剥好后从中间部位切开。

③ 准备一个调料碗，将适量的葱段、姜片、蒜块、花椒、八角放入碗中。

④ 将适量的盐、糖、醋、生抽和料酒加入调料碗中，制成调料汁。

⑤ 在控去水分的平鱼表面均匀地拍上面粉。

⑥ 锅中放入食用油，烧至五六成热后放入拍好面粉的平鱼，煎至微黄。

⑦ 调至中火，将调料碗中的汁料浇在煎好的平鱼上，盖上锅盖焖 2~3 分钟后，加入适量的水。

⑧ 中火炖 10 分钟左右，大火收汤后关火出锅。

营养贴士：平鱼又名鲳鱼，是一种身体扁平的海鱼，在含有丰富的微量元素硒和镁的同时还含有丰富的不饱和脂肪酸，有预防心血管疾病和降低胆固醇等功效。孕妈妈食用可益气养血，缓解食欲不振的症状。在煎鱼的过程中为避免摄入过多的油，可将油温控制在五六成热时再将鱼入锅进行煎制。

火腿小油菜

主料：小油菜 250 克、胡萝卜 50 克

配料：火腿 100 克、大葱少许

调料：盐 3 克

做法：

① 将小油菜洗净、切成寸块，胡萝卜去皮、切片，火腿切片备用。

② 大葱切细段备用。

③ 锅微热后放入食用油，加入葱炒出香气后，将胡萝卜放入锅中，中小火翻炒 2~3 分钟。

④ 锅中加入小油菜、火腿片，中小火再炒 2~3 分钟，加入适量的盐炒匀出锅。

营养贴士：油菜属于十字花科植物，含有大量的植物纤维素，脂肪含量低。胡萝卜中富含维生素 A。午餐肉火腿的主要成分是猪肉糜，肉质细腻，口感鲜嫩，但由于是罐头制食品，营养素流失较多，不宜多吃。在这个菜品中作为配菜只少量加入可以使胡萝卜中的脂溶性维生更好地发挥作用。

酱肘子

主料：肘子1只

配料：姜、大葱几段、大料1个、花椒十几粒、桂皮1小片

调料：盐8克、料酒2汤匙、酱油3汤匙、砂糖少许

做法：

① 肘子洗净，锅中放入冷水和肘子，煮开后关火，捞出控水备用。

② 姜切片、大葱切寸段备用。

③ 锅微热后，放入少许食用油和砂糖中小火翻炒。

④ 锅中糖油炒至变色后改小火，放入焯过水的肘子，将肘子翻滚几遍，使其均匀着色后再次盛出。

⑤ 锅中放入底油，下入姜、葱中火炒出香味后加入适量的开水、少许花椒、大料、桂皮和适量的料酒、酱油，放入着色后的肘子中火炖煮60分钟左右，加入适量的盐后继续炖煮30分钟，关火。

⑥ 待锅中肘子凉透后取出切片即可。

营养贴士：猪肘中含有丰富的胶原蛋白，而且脂肪含量也比五花肉要低得多，非常适合炖煮食用。同时，它的微量元素和维生素A、维生素D、维生素E的含量也很丰富，可以为孕妈妈提供多种营养物的补充。

尖椒炒肉片

主料：尖椒 2 个、猪里脊肉 150 克

配料：姜、葱各少许

调料：盐 3 克、生抽 1 汤匙

做法：

① 尖椒洗净、切成细段，猪里脊肉切成薄片备用。

② 葱切细段，姜切丝备用。

③ 锅中放入少许食用油，放入猪里脊肉，煸香后加入葱、姜、适量生抽，中火炒至肉片全熟。

④ 放入尖椒，大火翻炒 1~2 分钟后加入适量的盐，炒匀即可出锅。

营养贴士：绿尖椒又叫青辣椒，含有丰富的维生素 C，同时还含有一种能加速新陈代谢的特殊物质，能使人体内的脂肪燃烧。猪里脊肉含有人体所需的动物蛋白，而且脂肪含量少，配合绿尖椒炒制，不但可以增进食欲，还对血液循环起到促进作用，提高免疫力。

熘肝尖

主料：黄瓜半根、胡萝卜半根、猪肝 200 克

配料：葱、姜各少许

调料：盐 4 克、料酒 1 汤匙、淀粉少许、生抽 1 汤匙

做法：

① 将黄瓜、胡萝卜洗净、切成菱形片，葱、姜洗净，葱切细段，姜切片备用。

② 猪肝洗净，切成薄片，放入 1 只干净的碗中，加入适量的淀粉、料酒和生抽，抓匀后腌制 30 分钟左右。

③ 锅中放入食用油，至五六成热时放入肝片，大火翻炒即可盛出备用。

④ 锅中再放入少许食用油，加入葱，姜炒香之后，加入胡萝卜，中火炒两三分钟。

⑤ 放入黄瓜和炒好的肝片再大火翻炒 1 分钟，加入适量的盐炒匀出锅。

营养贴士：猪肝中含有多种营养成分，它富含多种矿物质和维生素 A，同时还是很好的补血食材，配合多种蔬菜一起炒制，更利于营养均衡摄入。对于孕妈妈来讲这道菜既可以补血，又美味可口。

米粉肉

主料：糯米粉 100 克、五花肉 500 克

配料：葱 2 段、姜两三片

调料：料酒 1 汤匙、盐 4 克、生抽 2 汤匙

做法：

① 糯米粉用清水泡 1 小时以上备用。

② 五花肉洗净，切成半厘米左右的薄片，葱、姜洗净，葱切段、姜切片切备用。

③ 准备 1 只干净的大碗，将肉片、葱段、姜片放入碗中。

④ 碗中加入适量的料酒、盐、生抽，拌匀、腌制 30 分钟左右。

⑤ 将泡好的糯米粉控水，肉片放入其中均匀地粘上米粉。

⑥ 将粘好米粉的肉片放入 1 个适中的碗中。

⑦ 将肉碗放入蒸锅，上气后中火蒸 30 分钟关火。

⑧ 取 1 只盘子扣在蒸碗上，再将蒸碗倒扣装盘即可。

营养贴士：糯米富含蛋白质、维生素和淀粉，具有补中益气的功效。猪肉是人体补充动物蛋白的重要来源，五花肉在蒸制中脂肪溶化后浸入糯米粉，会使这道菜更具风味。

烧肉元宝蛋

主料：五花肉（1000 克左右）、鸡蛋 4~5 个

配料：姜 3 片、大葱两三段、大料 1 个、花椒十几粒、桂皮 1 小片

调料：盐 8 克、料酒 1 汤匙、酱油 2 汤匙、砂糖适量

做法：

① 五花肉洗净，切 4 厘米 ×3 厘米见方的块放入冷水锅中，中火煮沸后关火控水备用。

② 鸡蛋洗净后放入锅中，锅中加入适量冷水，中火煮 5~6 分钟，捞出放凉，剥壳备用。

③ 姜切片、大葱切寸段备用。

④ 锅微热后，放入少许食用油和砂糖（约 20 克），中小火翻炒。

⑤ 锅中糖油炒至变色后改小火，放入控好水的五花肉，翻炒至肉均匀地染上糖色。

⑥ 放入姜、葱、花椒、大料、桂皮和适量的料酒和酱油稍做翻炒。

⑦ 锅中加入开水和适量的盐，改中火炖煮 20 分钟左右，将去壳后的鸡蛋放入锅中，再炖煮 20 分钟后改为大火收汤。

⑧ 汤汁收浓后关火出锅。

营养贴士：鸡蛋富含蛋白质、胆固醇和丰富的维生素，每百克中蛋白质的含量可达 12.8 克，且易于被人体吸收，是补充能量的佳品。传统的元宝蛋做法是将其煎制后与五花肉一起炖煮，这里改为煮至七成熟后与肉一起直接炖煮，这样可以减少菜品食用油的含量，避免孕妈妈食用时感觉油腻。

油菜肉面筋

主料：小油菜 100 克、猪肉馅 100 克、油面筋 10 个

配料：大葱、姜各少许、八角 1 个

调料：香油少许、生抽 1 汤匙、盐 4 克、淀粉少许

做法：

① 小油菜洗净，整颗备用，葱、姜切末备用。

② 准备 1 只干净的拌碗，将猪肉馅、葱、姜末放入碗中。

③ 碗中加入适量的食用油、盐、生抽和少许香油，顺时针方向搅拌直到肉馅上劲儿。

④ 取 1 根干净的筷子，将油面筋表面扎个小洞后，轻轻将内部扩大。

⑤ 将肉馅用筷子一点一点塞进面筋中备用。

⑥ 锅中放入少量食用油，加入小油菜，稍做翻炒后加入适量清水。

⑦ 将八角和塞好肉馅的面筋放入锅中，用中火煮五六分钟。

⑧ 取 1 只碗，放入适量的淀粉和少许水，搅匀后淋入锅中，再加少许生抽，转大火一两分钟收汁。

⑨ 加入适量的盐，关火后加入少许香油。

营养贴士：小油菜中富含钾元素和胡萝卜素。油面筋是一种很好的谷类制品，含有植物蛋白。猪肉中又含有动物蛋白，搭配小油菜烧制，可以在补充维生素和矿物质的同时又补充了丰富的蛋白质。

白灼芥蓝

主料：芥蓝 300 克

配料：花椒 5~6 粒

调料：蒸鱼豉油 1 勺

做法：

① 芥蓝洗净，根部去皮，削掉老的部分。

② 开水焯芥蓝 3~5 分钟，捞出后备用。

③ 锅中放食用油，同时放入花椒，烧至出香味后关火。

④ 小碗中放入蒸鱼豉油，将烧熟的花椒油倒入。

⑤ 调好的豉油汁淋在芥蓝上。

韭黄炒香干

主料：韭黄 250 克、香干 100 克

调料：盐 2 克、生抽 1 汤匙

做法：

① 韭黄摘好、洗净，切成寸段备用。

② 将香干切成与韭黄大小相似的寸段。

③ 锅中放入食用油，待油五成热后将香干放入锅内，再加入少许生抽，中火翻炒一两分钟。

④ 锅中放入韭黄，中火翻炒两三分钟。

⑤ 加入适量的盐，关火即可出锅。

营养贴士：韭黄又称黄韭芽，富含蛋白质和矿物质钙、铁、磷和维生素 A、维生素 B_2、维生素 C 等。香干是一种营养价值非常丰富的豆制品，它的蛋白质和钙含量都很高。同时，韭黄还含有丰富的膳食纤维，可以帮助孕妈妈缓解便秘的情况。

青蒜炒豆腐

主料：青蒜两三根、北豆腐半块

调料：盐 4 克、生抽 1 汤匙

做法：

① 青蒜洗净，切成寸段，北豆腐切成寸块备用。

② 锅中放入食用油，烧至六成热后转小火，将豆腐煎至两面金黄后盛出备用。

③ 锅中再放入少许食用油，加入青蒜中火翻炒 2~3 分钟。

④ 放入煎好的豆腐后，加入适量的盐和生抽炒匀关火即可。

营养贴士：青蒜是大蒜的花薹，包括薹茎和薹苞两部分，富含维生素 C、蛋白质、胡萝卜素、硫胺素和核黄素等。豆腐由黄豆制成，营养价值非常高，除富含铁、镁、钾、钙等矿物质外还富含维生素 B_1、维生素 B_6 等营养成分，两种食材搭配炒制后有独特的香味，可口且易吸收。

清炒白菜

主料：白菜 250 克、香菜 50 克

配料：大葱少许

调料：盐 3 克

做法：

① 白菜洗净切成 1 厘米左右的段，香菜洗净切成 5 厘米左右的长条。

② 大葱切细段备用。

③ 锅微热后放入食用油，下入葱段稍翻炒后，下入白菜中火炒 2~3 分钟。

④ 加入香菜和适量的盐炒匀，关火后出锅。

营养贴士：大白菜的钙含量较高，一杯熟的大白菜汁的钙含量几乎与牛奶相同，且其水分含量高但热量含量低。香菜中含有丰富的维生素和矿物质，可以开胃醒脾，配合炒制清香可口。

虾皮炒南瓜

主料：南瓜 200 克、虾皮 50 克

配料：香葱少许

调料：盐 2 克

做法：

① 南瓜洗净，切片备用。

② 锅中放入食用油，加入虾皮稍做翻炒。

③ 将南瓜片放入锅中翻炒 2~3 分钟后，加入少量水焖 2~3 分钟收汁。

④ 加入适量的盐和香葱翻炒后出锅。

营养贴士：南瓜含有多种维生素和微量元素，尤其是所含的钙元素更是丰富，配合虾皮炒制是一道补钙的好菜。同时由于南瓜中所含的膳食纤维可刺激肠蠕动，可以帮助孕妈妈缓解便秘的现象。

红烧牛尾

主料：牛尾 500 克

配料：葱 3 段、姜 3 片、蒜五六瓣、八角 1 个、花椒十几粒、小茴香 1 小把、桂皮 1 小片

调料：盐 5 克、糖 20 克、生抽 3 汤匙、老抽 1 汤匙、料酒 1 汤匙

做法：

① 牛尾洗净，顺关节部位分成段，葱、姜、蒜洗净切块。

② 将牛尾放入干净的盆中，加入葱、姜、蒜块，依次加入八角、花椒、小茴香、桂皮。

③ 将适量的盐、糖、生抽、老抽、料酒加入盆中，均匀地拌在牛尾上腌 20 分钟左右。

④ 将腌好的牛尾连同所有的配料和调料放入锅中，直接加热。

⑤ 将肉紧出水后，加入适量的热水炖开。

⑥ 如使用压力锅中火加热 20 分钟左右，如使用普通锅加热 40 分钟左右出锅即可。

营养贴士：牛尾除与牛肉相同有蛋白质含量高、脂肪含量低的特点外，还富含胶质，非常适合炖煮食用。除了红烧外还可搭配番茄制作成番茄牛尾汤，稍带酸味的口感可以增加孕妈妈的食欲。

白菜烩豆腐

主料：大白菜三四片、北豆腐 200 克

配料：大葱少许

调料：盐 6 克

做法：

① 豆腐切成 2 厘米左右见方的块，将其放入盐水中泡 30 分钟左右。

② 白菜洗净，切成 4 厘米左右的条，再切少许大葱。

③ 锅微热后放入食用油，下入葱稍翻炒后，下入白菜中火翻炒。

④ 白菜半熟时加入豆腐，中火焖 2~3 分钟后调入适量的盐炒匀出锅。

营养贴士：大白菜属十字花科蔬菜，含有丰富的维生素，能刺激肠道蠕动，豆腐脂肪含量低，但含有丰富的蛋白质。白菜烩豆腐为孕妈妈提供营养的同时对孕期导致的便秘起到缓解的作用。在制作的过程中，豆腐不易入味，可先放入盐水中浸泡后再进行炒制。

香醇靓汤

莲藕排骨汤

主料：莲藕 1 节、猪排骨 1000 克

配料：葱 2 段、姜 2 片、八角 1 个、桂皮 1 小片

调料：盐 6 克、料酒 2 汤匙

做法：

① 排骨洗净、切块，锅中加入冷水，放入切好的排骨，开大火将排骨焯出血沫。

② 葱切段、姜切片备用。

③ 莲藕洗净、去皮，切成滚刀块备用。

④ 汤锅中放入开水，加入葱、姜、八角、桂皮和适量的料酒，将切好的莲藕和焯好的排骨放入其中，大火烧开后转为小火，煨 1 个半小时左右。

⑤ 在锅中加入适量的盐，拌匀关火。

营养贴士：莲藕富含多种维生素和蛋白质，淀粉的含量也很高，中医认为熟食可以补心、益肾、滋阴、养血。排骨含有丰富的动物蛋白和脂肪，同时还含有一定量的骨胶原。莲藕排骨汤是一道经典的家常炖品，美味营养又易于吸收。

萝卜丝虾皮汤

主料：心里美萝卜100克、虾皮20克

配料：香葱少许

调料：香油少许、盐2克

做法：

① 心里美萝卜洗净，切成细丝。

② 锅中放入适量水，加入香葱、萝卜丝和虾皮，大火烧开后转中火煮五六分钟。

③ 加入适量的盐，关火后加入少量香油。

营养贴士：心里美萝卜是一种皮绿、心红、汁多的萝卜，纤维素含量高，热量含量低，汁液中含有花青素，可起到抗衰老的功效，搭配虾皮煮汤不但可以补充钙质，还有助于孕妈妈缓解便秘。由于花青素是一种水溶性色素，在酸性溶液中颜色可变成鲜亮的红色，所以食用时可适当地添加醋，不但可提高口味感，还可在色泽上提高孕妈妈对食物的兴趣。

银耳桂圆羹

主料：银耳 50 克、桂圆 10 粒、枸杞 10 粒

调料：冰糖 10 克

做法：

① 银耳泡发两三个小时，桂圆、枸杞洗净备用。

② 将发好的银耳放入锅中，加适量的水，开锅后小火炖煮三四十分钟。

③ 锅中加入冰糖和备好的桂圆、枸杞，继续小火加热 10 分钟左右关火即可。

营养贴士：银耳中富含维生素 D，可以防止钙流失，同时因其还含有微量元素硒可以增强机体的免疫力。桂圆是鲜龙眼干制而成，可以补气血、益心脾，搭配枸杞一起炖汤可帮助产妇消除产后水肿，养心安神。

花样主食

二米粥

主料：大米 100 克、小米 100 克

做法：

① 1:1 的大米、小米淘净备用。

② 锅中加入大米、小米和适量的水，大火烧开后改中小火，煮 40 分钟关火即可。

营养贴士：大米中含有 75% 的碳水化合物，并含有丰富的 B 族维生素，但其蛋白质含量较少。小米的蛋白质的含量高于大米，而且含有丰富的铁，配合大米制成米粥不但可以提供充足的营养，而且更易于吸收。

南瓜蜜枣粥

主料：南瓜 100 克、红枣 50 克、大米 100 克

做法：

① 南瓜洗净、切块，红枣洗净备用。

② 大米淘好后加入适量的水，烧开后改为中火煮 20 分钟左右。

③ 将南瓜、红枣放入锅中，再用中火煮 20 分钟左右关火出锅。

营养贴士：南瓜又名金瓜，属于葫芦科植物，富含维生素，食用可提高人体的免疫力，其中的类胡萝卜素在机体内可转化为维生素 A 保护视力。红枣是补血的佳品，可提高人体的免疫力，健脾益胃，搭配煮粥食用更有利于孕妈妈吸收。

三文鱼奶酪焗饭

主料：米饭 250 克，冷熏三文鱼片 100 克，奶油奶酪 60 克，马苏里拉芝士丝 100 克

辅料：杏鲍菇片

调料：香葱碎、黑胡椒和盐少许。

做法：

① 米饭按照常规做法蒸熟备用。

② 将奶油奶酪切成小丁，加入少许热水，用水浴法融化成液体状。

③ 将适量黑胡椒和盐调入奶油奶酪糊中，搅拌均匀。

④ 将调好的奶酪糊倒入米饭中充分搅拌均匀，放入烤碗中，抹平表面。

⑤ 杏鲍菇切薄片，用开水焯熟，控干水分，平铺在米饭上。

⑥ 均匀撒上一半分量的马苏里拉芝士丝，放入烤箱中以 200℃ 烤制约 10 分钟后取出。

⑦ 将冷熏三文鱼片用剪刀剪成小片状，平铺在半成品的烤碗中。表面再撒入剩下的一半芝士丝，再次放入烤箱，200℃，7~8 分钟可见奶酪充分融化后取出，撒上香葱碎，趁热食用。

营养贴士：三文鱼含有丰富的不饱和脂肪酸，且含有丰富的蛋白质及氨基酸，低热量、低胆固醇，适合孕期准妈妈食用。奶酪制品含有丰富的钙质，对准妈妈非常有益。

红糖大枣发糕

主料：牛奶 125 克，面粉 175 克，红糖 30 克

辅料：葡萄干适量，大枣几颗，干酵母 2 克

做法：

① 牛奶稍微加热后加入干酵母，搅拌溶解。

② 加入红糖和面粉，揉均匀。

③ 加入葡萄干揉均匀。

④ 6 寸圆形模具内抹少许色拉油，将面团放入模具内，压扁。

⑥ 放置于温暖的地方发酵 1 小时，至面团 2 倍大。

⑦ 表面摆上几颗大枣装饰。

⑧ 模具放入蒸笼，大火烧开后转中火，蒸制 30 分钟，关火后焖 5 分钟。

南瓜馅饼

主料：面粉 500 克、嫩南瓜 500 克、虾皮 50 克、鸡蛋 2 个

配料：葱、姜各少许

调料：食用油、香油各少许，盐 6 克

做法：

① 选用标准面粉用温水和面，饧 1 小时左右。

② 嫩南瓜洗净、切丝后再用刀切碎，葱、姜切成细末，鸡蛋打散备用。

③ 锅中放入食用油，微热后加入打散的鸡蛋，不停搅拌炒成小块状盛出备用。

④ 锅加放入食用油，加入虾皮稍做翻炒盛出备用。

⑤ 将南瓜碎、炒好的鸡蛋小块、虾皮和葱、姜末放入干净的盆中，加入适量的食用油、香油和盐拌匀。

⑥ 将饧好的面分成均等面团，擀成薄饼状。

⑦ 将拌好的馅包入薄饼。

⑧ 平底锅（或电饼铛）中放入少许食用油、再将包好的馅饼放入锅中 3~5 分钟即可烙熟。

营养贴士：鸡蛋中的蛋白质含量非常高，而且易于人体吸收，同时它含有丰富的维生素和矿物质，对增进神经系统功能也大有益处，是很好的健脑食品，非常适合孕妈妈食用。搭配富含胡萝卜素和维生素 C 的南瓜和被称为“钙库”的虾皮制成馅饼食用，可以补中益气，养脾胃，在补充蛋白质和多种维生素的同时还可增加钙的摄入。

肉龙

主料：全麦面粉 500 克、牛肉馅 250 克

配料：葱、姜各适量、食用油、盐 4 克、生抽 2 汤匙、香油少许、面肥（或酵母）、碱 3 克 ~5 克

做法：

① 将面肥或酵母用少量清水泡开，如用酵母则每 500 克面粉配 5 克 ~6 克酵母。

② 取 1 只干净无油的盆，放入面粉、泡开的面肥或酵母，加入适量的水揉成面团，盖上盖子饧发。

③ 准备 1 只干净的拌碗，将牛肉馅、葱、姜末放入碗中。

④ 碗中加入适量的食用油、盐、生抽和少许香油，顺时针方向搅拌直到肉馅上劲儿。

⑤ 饧发至面团是原有的 2 倍大（或大于 2 倍时），如选面肥要加入适量的碱水（每 500 克面粉需 3 克 ~5 克碱粉溶成碱水）充分揉匀后再饧发 10 分钟左右。如选用酵母直接进入第 6 步操作。

⑥ 案板上铺撒上面粉，将饧发好的面团放在案板上用力充分揉匀，排出发酵所产生的气泡。

⑦ 将面搓成长条后擀成长饼状，将拌好的肉馅均匀地抹在面皮上。

⑧ 从一端开始卷起，边卷边抻卷到末端收口捏紧。

⑨ 蒸锅放入适量的水烧开，开水上屉大火蒸 25 分钟即可。

营养贴士：全麦面粉是由全粒小麦经过磨粉、筛分等步骤制成的。它保有与原来整粒小麦相同比例的胚芽，所以营养比精白面丰富且麦香味更浓郁，但口感会比一般面粉粗糙些。牛肉中的蛋白质含量很高，相对而言脂肪含量低，牛肉中所含的蛋白质和氨基酸可帮助孕妈妈提高免疫力，防治下肢水肿，与全麦粉一起制成肉龙食用美味又简便。

双色水饺

主料：面粉 500 克、羊肉馅 200 克、胡萝卜半根、鸡蛋 2 个、韭菜 200 克

配料：菠菜、红苋菜各适量、虾皮 50 克、大葱、姜各适量

调料：食用油、香油各适量、生抽 2 汤匙、盐 6 克

做法：

① 锅中放入少量的水，将菠菜和红苋菜分 2 次煮成红、绿两色水，放凉备用。

② 准备 1 个干净、无油的盆，分 2 次放入面粉和适量的红色水和绿色水，揉成红、绿两色面团（以面团不粘盆为准）。

③ 韭菜摘好、洗净，切成半厘米细段，胡萝卜切细丝，过水稍焯捞出后切碎，葱、姜切末备用。

④ 准备 1 个干净的盆，将羊肉馅、葱、姜末放入碗中，再加入适量的食用油、香油、生抽和盐，顺时针方向搅拌，直到肉馅上劲儿后再将胡萝卜碎加入盆中，继续顺时针方向拌匀。

⑤ 鸡蛋打散，锅中放入少许油，微热后放入打散的鸡蛋炒碎。

⑥ 锅中再次放入食用油，小火微煎一下虾皮即刻出锅。

⑦ 另准备 1 个盆，放入韭菜末、鸡蛋碎和虾皮后，再加入适量的盐和香油，顺时针方向拌匀。

⑧ 案板上铺撒上面粉，将面团放在案板上用力充分揉匀，搓成细条均匀分成 2 厘米的小块，擀成圆形饺子皮后包馅制成饺子。

⑨ 锅中放入适量清水，开锅后将饺子煮熟即可。

营养贴士：这是一道美味可口、营养丰富的面食。蔬菜种类多，营养丰富，有肉有蛋，各种营养素搭配均衡，而且色彩鲜艳可以引人食欲，非常适合孕中期的准妈妈食用。

六、医师女儿的孕中期故事

整个孕中期我都是在工作中度过的，每天开车上下班，过着朝八晚五的日子。这段时间，我的早孕反应停止了，胃口也慢慢变得好起来，但是由于孕前体重已经比较重了，我一直很控制自己的饮食。早餐主食保持在50克左右，搭配鸡蛋、牛奶，上午我会给自己一份加餐，通常是2片全麦面包或者1个苹果。午餐和晚餐的主食量也控制在100克~150克。这段时间，我近乎疯狂地爱吃水果，每天都要吃三四种水果，我的同事看到我这么拼命地吃水果，都很担心我会血糖升高。28周的时候，我做了糖耐量试验，结果显示正常，同事们都替我松了口气。怀孕第4个月的时候，我出现了小腿抽筋的症状，夜里把老公喊起来帮忙按摩半天才缓解。我意识到可能是缺钙了，于是到产科门诊开了钙片口服，在饮食上也注意多吃含钙高的食物，并且保证每天饮用250毫升~500毫升的牛奶，常吃豆腐、虾皮等含钙高的食物。由于重视得比较早，并且坚持口服钙剂和食物调整，我的小腿抽筋症状并没有加重，整个孕期一共发生了3次，我认为已经很幸运了。

到了18周我还是没感到胎动，妈妈说我是个粗心的人，可能感觉太迟钝了，我却担心是不是宝宝不够健康。于是紧张兮兮地跑到产科要求检查。同事帮我测量了胎心，显示宝宝非常的健康，告诉我别太担心了。大概是因为情绪放松了，过了两天，我突然感觉自己的肚子里像小鱼在跳跃一样，我知道，那一定是我的宝宝在跟我玩游戏呢。

在孕中期，我的肚子越来越大，工作时穿的白大衣已经系不上扣子了，护士长贴心地帮我更换了孕妇专用的白大衣。由于行动相对迟缓了，领导和同事都很照顾我，让我的心情十分舒畅，每天中午都保证1小时左右的睡眠。庆幸的是，我并没有出现大多数孕妇常见的便秘，但是我仍然保持每天吃2个奇异果的习惯，而且常吃红薯、芹菜这些富含膳食纤维的食物。

慢慢的，我发现自己腹部皮肤的正中间出现了一条深褐色的线，我担心是不是开始长妊娠纹了，因为见过其他孕妇肚子上深紫色的妊娠纹，所以我比较担心。这时候妈妈说，多吃富含胶质的食物也可以预防妊娠纹的产生，于是我开始吃一些肉皮冻、猪蹄等食物，买来的预防妊娠纹的护肤油并没有好好地用，以至于到现在还剩下大半瓶。我认为妊娠纹也会存在个体差异，但是作为准妈妈，应该适当控制自己的体重增长，并加以饮食控制，这样，的确可以缓解妊娠纹的程度。

我知道在孕中期是胎儿相对比较稳定和安全的时期，所以这个阶段，除了工作，我也适当增加了自己的活动量，每天晚上都由家人陪伴进行40分钟左右的散步，周末的时候还跟老公到郊区散心。我始终认为准妈妈的情绪可以影响到胎儿，甚至会影响宝宝出生后的脾气，所以，我尽量让自己变得平和，做事情也都慢慢来，就是希望宝宝能有个好脾气。

在二十几岁的时候，我就患上了椎间盘突出症，以前抢救病人后总会腰痛，骨科医师曾经几度要求我手术，并为我的怀孕生产表示担心。在孕期，我尽量不让自己负重，休息的时候少坐沙发，睡硬板床。尽管这样，在孕中期以后，我还是会觉得自己常常腰酸背痛。咨询了产科医师，她告诉我大部分的孕妇到孕中期和孕晚期都会有这样的症状，不要过分担心，让自己放松，慢慢地做一些背部抻拉的练习会缓解症状。我照着她的方法做了，确实可以缓解部分症状，但其实一直到最后分娩，腰痛也没有停止，但疼痛尚可忍受，所以我一直坚持到最后。

孕晚期营养全知道

一、你需要知道的医学常识

孕晚期是指自怀孕 28 周开始直至分娩这段时间。在这段时间，准妈妈会发现自己的腹部变得更大了，行动也更为不便，进食量也没有孕中期那么大了，甚至常常会发生反酸、烧心等胃部不适症状。这个阶段，我们要为自己的生产做好准备工作了，日常活动也应该适当注意，避免劳累及过度的体力活动，以防止早产发生。妊娠高血压疾病的准妈妈在这段时间应该更加小心，注意休息并监测血压变化，防止发生子痫及先兆子痫。在孕晚期，大部分的准妈妈会出现下肢水肿，在孕中期已经出现水肿的准妈妈会发现肿胀得更加厉害了，这同样也是因为孕晚期一系列的解剖学变化引起的。这段期间，在饮食上应该注意保证营养，避免进食过多的油炸食品，适当限制食盐的摄取量以减少水肿症状。由于增大的胎宝宝对营养吸收的进一步需求，在孕中期有贫血的准妈妈在孕晚期很可能会出现贫血加重，所以我们应该在饮食上保证足够的维生素、铁、钙等营养物质的摄入。在孕晚期，同时需要注意和关心的，还有准妈妈的心理变化。一部分准妈妈会开始担心分娩的过程，存在忧虑、恐惧，还有些准妈妈担心自己分娩后角色的转变，害怕不能做一个好妈妈。这时候，除了准妈妈应该调整自己的心态，适当放松外，准爸爸也应该多关心自己的妻子，多陪伴妻子，承担全部的家务劳动，帮助妻子准备分娩物品，共同度过生产前的最后阶段。

大约有半数以上的准妈妈在孕晚期由于增大的腹部和体形的改变导致背痛。这是因为怀孕期间韧带组织会变得松弛以利于胎儿分娩，所以全身韧带逐渐放松，导致肌肉负担过重，特别是支持脊柱力量的相关肌肉紧张，从而导致背部疼痛。此外，由于孕晚期腹部增大，可以导致人体正常的形态改变，脊柱正常的生理弯曲改变，也会导致背部疼痛。这时候，准妈妈应该避免穿高跟鞋及不舒适的鞋子，并避免扭转脊柱的动作，注意休息，避免长时间行走或站立，也可以请准爸爸帮助进行力量较轻的按摩，总之，充分的休息可以有效地缓解背痛症状。

在营养方面应适当增加钙和铁的摄入。胎儿体内的钙一半以上是在孕后期贮存的，孕妇应每日摄入 1500 毫克的钙，同时补充适量的维生素 D。胎儿的肝脏在此期间以每天 5 毫克的速度贮存铁，直至出生时达到 300 毫克 ~400 毫克的铁质，孕妇应每天摄入铁 28 毫克，且应多摄入来自动物性食品的血色素型的铁。孕妇应经常摄取奶类、鱼和豆制品，最好将小鱼炸酥后连骨吃，或饮用排骨汤。虾皮含钙丰富，汤中可放入少许。动物的肝脏和血液含铁量很高，利用率高，应经常选用。

此外，还要摄入充足的维生素。孕晚期需要充足的水溶性维生素，尤其是硫胺素，如果缺乏则容易引起呕吐、倦怠，并在分娩时子宫收缩乏力，导致产程延缓。

热能的供给量与孕中期相同，不需要补充过多，尤其在孕晚期最后 1 个月，要适当限制饱和脂肪和碳水化合物的摄入，以免胎儿过大，影响顺利分娩。

二、准妈妈和胎宝宝的变化

进入孕晚期，逐渐增大的腹部开始给准妈妈造成行动不便，很多准妈妈在这个阶段会出现疲劳、腰痛、后背疼痛及下肢水肿加重的表现，一部分准妈妈还会有骨盆盆底韧带疼痛的症状，这是由于孕晚期韧带开始不断松弛以利于分娩导致的。在这个阶段，由于子宫增大至剑突的位置，很多准妈妈的饭量逐渐减少，并会出现烧心、反酸症状加重的现象。由于增大的腹部导致体位受限，夜间的睡眠也变得间断，变换姿势成了一件困难的事情。而胎宝宝在孕晚期，仍然是身体迅速生长的阶段，对营养的需求也很大，这个阶段的胎儿基本发育已经完成，对声音及光刺激都能做出反应，但是往往在孕晚期，准妈妈会觉察到胎动反而变少了，幅度也没有孕中期时候大了，这并不需要担心，其实这是由于胎儿体重不断增大，导致在宫腔内活动受限所致。到了妊娠末期，胎儿的头会下降至骨盆，为分娩做准备，胎动幅度就更加减小了。孕晚期的准妈妈乳房继续胀大，也会有少量的乳汁泌出。这时候，准妈妈应该注意乳房的清洁，每日用清水擦洗，更换棉质内衣防止乳腺管阻塞,并轻轻按摩乳头，以减轻分娩后母乳喂奶时的乳头疼痛。在整个孕晚期，准妈妈和胎宝宝都要为生产做好充足的准备，迎接新生命的诞生。

孕晚期准妈妈和胎宝宝的变化

周数	准妈妈	胎宝宝
29	进入孕晚期，又开始感觉疲劳。	营养需求达到最高峰，体重约1300克。
30	宫底接近横膈，进食后会感胃部不适，平静时也可觉得胸闷。	头部继续发育，对声音反应强烈，眼睛自由开闭，可以辨认光源。
31	增大的子宫压迫胃，进食量减少，睡眠差。	皮下脂肪更加丰富，消化系统发育基本完成，可以分泌消化液。
32	水肿加重，胃部胀满感，常常觉得背痛。	由于体重继续增长，活动受限，胎动次数逐渐减少。
33	劳累或出现腰痛、足跟痛，腹部继续并向前突出。	皮下脂肪快速累积，皮肤富有光泽。
34	重力部位水肿加重或出现静脉曲张，行动非常笨拙。	体重约2300克，全身胎毛逐渐消退。
35	便秘加重，子宫壁和腹壁变薄。	胎头下降至盆腔，活动受限。
36	由于胎头下降，呼吸不畅和胃部不适有所缓解。	心、肝、肺、肾等器官发育成熟，手脚的肌肉变得发达。
37	少量乳汁分泌，下腹部刺痛感。	体重约3000克，头部完全入盆，胎位固定。
38	腰痛、后背痛、会阴部疼痛，随时有生产的可能。	已经是足月儿了，四肢还可以继续生长。
39	身体不堪重负，只能安静休息。	各部分器官都已发育完毕。
40	美梦变成现实，母子相见，一家团圆！	

三、必不可少的营养补充

这一阶段的营养需求与孕中期基本相似，在饮食方面除继续按照孕中期的建议补充蛋白质丰富的食物，多食用钙、铁含量丰富的食物外，要适当地限制碳水化合物及脂肪的摄入，保持适宜的体重增加。因为体重增长过快不但会影响孕妈妈自身的健康，还可增加巨大儿的出生率，在孕晚期要更加密切地监测体重变化，根据体重增长的速度适当调节食物的摄入量。体重增加的合理数值与孕妈妈在怀孕前的体重、受孕的年龄、是否多胎、孕前和孕期的营养情况、产后是否哺乳等诸多因素有关，医生和营养师给出的数值是参考的标准，具体到每个人要根据自身的情况进行调整。总体来讲，孕前体重超过标准体重 20% 的孕妈妈，整个孕期的体重增加应为 7 千克 ~8 千克，孕前体重低于标准体重 10% 的孕妈妈的体重增加要达到 14 千克 ~15 千克才可以，正常体重的孕妈妈整个孕期的体重增加应为 12.5 千克。(标准体重(千克) = 身高厘米数 −105， ± 10%)

1. 保证膳食纤维摄入以缓解便秘症状

从孕中期开始，孕妈妈会出现不同程度的便秘情况，到孕晚期这个时段会更加明显，多食用一些富含膳食纤维的食物可以帮助缓解这一现象，如蔬菜、水果等。

不溶性膳食纤维含量丰富的食物

种类	食物名称	数量（克 /100 克）
蔬菜	黄花菜	7.7
	春笋	2.8
	芹菜叶	2.2
	大豆角	2.0
	西蓝花	1.6
	韭菜	1.4
菌类	干香菇	61.7
	干银耳	30.4
	干木耳	29.9
	干紫菜	21.6
	口蘑	17.2
水果	库尔勒梨	6.7
	鸭广梨	5.1
	干红枣	6.2
	石榴	4.8
	猕猴桃	2.6

2. 蛋白质

在孕晚期，准妈妈应该更加注意蛋白质的补充。为了给分娩打好基础，给自己的体力储备能量，准妈妈每日应补充优质蛋白 80 克 ~100 克。这些优质蛋白存在于肉类、蛋类中。良好的蛋白质储备也是为分娩后哺乳做好准备工作。

蛋白质富含多种氨基酸，一部分氨基酸并不能由人体合成，必须由含有蛋白质的食物供给，这些氨基酸又称为必需氨基酸。蛋白质是人体重要的组成部分。蛋白质缺乏会引起胎儿脑部发育迟缓，也可以导致胎儿出生后发育迟缓等。准妈妈缺乏蛋白质更会发生流产等危险情况。所以建议整个孕期都应该适当补充蛋白质。肉类、鱼类、蛋类、奶酪、奶制品及豆制品都是富含蛋白质的食物。

3. 钙和铁

胎儿体内大部分的钙是在孕后期贮存的，如果准妈妈补钙不及时或者补钙量不够，不但会导致自己出现缺钙的表现，更会影响胎儿的健康。这种危害很可能被胎儿带出母体，从而导致新生儿缺钙，造成一系列不良后果。所以，在孕后期，准妈妈应该坚持补钙，应每日摄入 1500 毫克的钙，同时补充适量的维生素 D 以促进钙的吸收。在饮食上保证每天摄入高钙食物，如牛奶、豆腐、虾皮、小鱼干、骨头汤等。

在孕晚期，由于胎儿需求量不断增加，对铁的需求仍然较高，孕妈妈仍要注意预防缺铁性贫血的发生，所以应该和孕中期一样，注意补铁，常吃含铁食物。

孕中期与孕晚期营养素需求对比

营养素		孕中期需求量（每日）	孕晚期需求量（每日）
蛋白质		80 克	85 克
矿物质	铁	25 毫克	35 毫克
	钙	1000 毫克	1200 毫克

4. 维生素

B 族维生素有稳定孕妇情绪、增进食欲、缓解疼痛等作用。维生素 B_1 缺乏会导致准妈妈疲乏、倦怠、呕吐等症状，更可能会导致产程延长，影响正常分娩。维生素 C 可以促进铁的吸收，所以孕晚期也需要补充。

总之，孕晚期孕妈妈在饮食搭配上要注意多食用蛋白质丰富，富含钙、铁的食物，同时，要注意控制富含碳水化合物和脂肪的食物，配合适当的运动，使体重控制在合理的增长范围内。

附：一日食谱参考

餐次	食谱	数量	热量（千焦估值）
早餐	汤包（肉）	100克	992
	紫米红枣粥	100克 （水50毫升＋紫米25克＋红枣25克）	651（小米362+红枣289）
	煮鸡蛋	50克	300
	爽口笋丝	100克	62
加餐	酸奶	125毫升	375
午餐	红薯米饭	100克（大米50克＋红薯50克）	361（大米243+红薯118）
	元宝蛋烧肉	100克（猪肉50克＋鸡蛋50克）	1127（猪肉827+鸡蛋300）
	西芹百合	100克（西芹80克＋百合20克）	195（西芹57+百合138）
	凉拌海带丝	50克	33
	白菜鲜贝汤	150克 （水75毫升＋白菜50克＋鲜贝25克）	119（白菜38+鲜贝81）
加餐	什锦 鲜果酸奶	225克 （什锦鲜果100克＋酸奶125毫升）	500（什锦鲜果约125+ 酸奶375）
晚餐	麻酱花卷	100克 （白花卷75克＋芝麻酱25克）	1330 （白花卷671+芝麻酱659）
	油菜肉面筋	100克 （油菜50克＋面筋25克＋肉馅25克）	953 （油菜25+面筋515+肉馅413）
	彩椒炒鸡丁	100克（彩椒50克＋鸡丁50克）	402（彩椒52+鸡丁350）
	蒜香拌双耳	50克（银耳25克＋木耳25克）	301（银耳273+木耳28）
	小米南瓜粥	100克 （水50毫升＋小米25克＋南瓜25克）	402（小米378+南瓜24）
加餐	红枣银耳羹	100克 （水50毫升＋银耳25克＋红枣25克）	562（银耳273+红枣289）
合计			8665
总能量摄入	8665千焦＋油、盐等调味品约为10000千焦（30克花生油的热量约为1100千焦）。		

注：1千焦=0.239千卡

四、准妈妈的疑虑

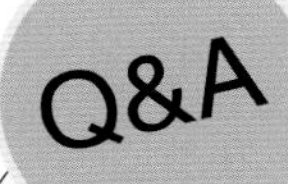

胎动变少了，怎么回事

在孕晚期，很多准妈妈发现原本活泼好动的胎宝宝变得安静起来，胎动的强度减弱了。一部分准妈妈甚至还出现了担心、恐惧的心理，怕宝宝出现了异常情况。其实，这些担心是多余的。由于整个孕期宝宝的身体不断长大，体重不断增加，使得胎儿在子宫内的活动范围缩小，活动受限，妈妈的子宫没有多余的空间让宝宝运动了，所以导致胎动减弱。准妈妈可以通过自己监测胎动次数来评价宝宝的日常活动。正常情况下，早、午、晚三次胎动的平均数为5~10次，平均数少于5次就不正常了，应该到医院进行胎心监护检查。

下肢总是很肿胀，怎么办

在怀孕的过程中，我们的体重慢慢增大，也许首先出现的信号是原来的鞋子穿不进去了，继而准妈妈又会发现自己的小腿、脚背开始水肿了。走路或站立的时间长了，会出现腿疼等不适。这是由于怀孕晚期，腹部增大，压迫下腔静脉导致下肢回流受限，从而出现了下肢水肿的症状。一般来讲，准妈妈出现轻度的水肿是孕期常见的也是正常的表现，应该注意休息，避免长时间行走、站立，适当抬高双腿有利于静脉回流。

出现恼人的妊娠纹有什么办法吗

在妊娠的中后期，很多准妈妈会发现自己的腹部皮肤出现了一条一条紫色的纹，这就是妊娠纹。它的产生与逐渐增大的腹部有关，是由于腹部增大导致腹部皮肤组织过度抻拉断裂造成的。有些准妈妈由于体重上涨过快，除了在腹部发生妊娠纹，也会在大腿、臀部见到妊娠纹，当分娩结束后，紫色的妊娠纹会慢慢变成灰白色，令人烦恼。想要减少妊娠纹的发生，应当适当控制孕期体重，并可以使用纯植物的护肤品等，在饮食上可以适当增加含有胶原蛋白的食物。

Q&A

饭量变小了，吃完饭还会反酸，怎么办

怀孕末期，大部分的准妈妈会感到胃部不适，经常会出现饭量变小，饭后反酸、烧心等不适症状。这是由于增大的子宫压迫腹部其他脏器，胃部受压，影响了准妈妈的消化功能，进食后常常出现反流。在这段时间内，准妈妈应该适当减轻肠胃负担，进食习惯改为少吃多餐，并忌食辛辣刺激食物及难消化的食物。饭前饭后不宜大量饮水，进食后可以选择半卧位避免胃食管反流。如果症状确实严重，影响正常的生活，可以在医师的指导下应用药物治疗。

日常活动变成了负担，怎么办

到了孕晚期，增大的腹部已经严重地影响了准妈妈的日常活动，弯腰已经是不可能了，有些准妈妈体重增加比例过大，连日常的行走也成为一种负担，这时候我们应该根据自己的能力进行一些轻度的活动，这样对顺产很有利，散步等。当然，如果出现了严重的妊娠并发症比如妊娠高血压疾病、先兆子痫等，应该静卧休息。准妈妈应该避免单独外出，如果必须单独外出应该向家人交代好目的地及大概所需的时间，不要单独驾车出行，走路及活动的时候应该更加小心，避免摔倒、崴脚等危险。应该为生产做好准备。如果体能严重受到影响，可以适当停止工作，在家休养待产。

五、孕晚期美味营养餐

爽口凉菜

姜汁拌藕片

主料：鲜藕 1 节、鲜姜 1 块

调料：香油适量、盐 2 克、醋 1 汤匙、生抽 1 汤匙

做法：

① 藕洗净、去皮、切片，锅中加入适量的水，焯后捞出备用。

② 将 1 块鲜姜分成两半，一半切末，一半放入一个干净的碗中，用擀面棍的一头敲打出汁后滤去渣备用。

③ 准备 1 个干净的碗，放入焯好的藕、姜末、姜汁。

④ 碗中放入适量的香油、盐、生抽、醋，拌匀成盘即可。

营养贴士：莲藕富含淀粉、蛋白质、B 族维生素、维生素 C 和多种矿物质，可以起到润燥止渴、清心安神、止吐的作用，加入适当的醋和调味品拌成凉菜食用，可起到开胃和增加食欲的作用。

凉拌海带丝

主料：海带丝 200 克

配料：虾皮 20 克、蒜 2 瓣

调料：香油少许、盐 2 克、醋 1 汤匙

做法：

① 海带丝洗净，锅中放入适量的水，加入海带煮开，捞出放凉备用。

② 将蒜轻拍，切成末备用。

③ 准备 1 个干净的拌碗，将海带丝、蒜末和虾皮都放入碗中。

④ 碗中加入适量的盐、醋和香油，拌匀后成盘即可。

营养贴士：海带属藻类，含碘量高，食用有降压和防治缺碘性甲状腺疾病的作用，虾皮是天然的补钙美食，拌成凉菜食用，补充营养的同时还爽口且不油腻，可以增加孕妈妈的食欲。

凉拌樱桃萝卜

主料：樱桃萝卜 200 克

调料：香油少许、盐 3 克、醋 1 汤匙

做法：

① 樱桃萝卜洗净，将萝卜缨与萝卜切开，萝卜切成薄片。

② 准备 1 个干净的拌碗，将萝卜和缨子都放入碗中。

③ 碗中加入适量的盐、醋和香油，拌匀后成盘即可。

营养贴士：樱桃萝卜富含大量的维生素 C 和矿物质，较之其他品种的萝卜口感上少辣多甜，更适合做凉拌菜食用。由于樱桃萝卜含有纤维素，孕期食用可促进胃肠蠕动。血糖正常的孕妈妈可在菜中放入少量的糖提鲜，口感酸甜还可增进食欲。

炝拌丝瓜尖

主料：丝瓜尖 200 克

调料：橄榄油少许、盐 3 克、醋适量、小红辣椒 1 个

做法：

① 丝瓜尖去掉老的部分，洗净，下锅焯熟。

② 调入适量橄榄油、盐和醋，搅拌均匀。

③根据个人口味加入小红辣椒。

营养贴士：丝瓜尖就是丝瓜藤的嫩尖，含有蛋白质、脂肪、碳水化合物、粗纤维、钙、磷、铁、瓜氨酸、核黄素、B 族维生素、维生素 C 等多种营养物质，是夏秋之家常蔬菜，鲜美、滑爽，老幼皆宜，营养丰富。现代医学认为，丝瓜尖含有抗病毒、抗过敏的活性成分。因其维生素 C 含量丰富，可用于抗坏血病及预防各种维生素C缺乏症。所含 B 族维生素有利于小儿及中老年人大脑保健。由于含有丰富的纤维素，也可以有效地预防准妈妈的便秘问题。

肉皮冻

主料：猪肉皮半斤

配料：姜、大葱、大料、桂皮、胡萝卜、黄豆

调料：生抽、盐

做法：

① 肉皮洗净，去除内层脂肪，开水焯 2~3 分钟，盛出放凉，切成细条备用。

② 姜切片、大葱切寸段备用。

③ 锅中放入 2 升左右的水，烧开后放入肉皮条，姜、葱、大料、桂皮小火炖煮 1 小时左右。

④ 锅中加入黄豆、胡萝卜、适量的生抽和盐，小火再炖煮至汤汁约为 500 毫升后关火。

⑤ 取 1 个大小适合、干净无水的饭盒，将汤汁中的葱、姜、大料、桂皮捞出后，将煮好的肉皮连同汤汁倒入饭盒，静置 12 小时后即可。

营养贴士：猪皮的营养价值丰富，其中蛋白质的含量是猪肉的 2.5 倍，碳水化合物是猪肉的 4 倍，而脂肪含量却仅是猪肉的 1 半，配上胡萝卜和黄豆制成可口美味的凉菜还可补充多种维生素和微量元素，非常适合孕妈妈食用。

蒜香拌双耳

主料：黑木耳 20 克、银耳 20 克

配料：大蒜 2 瓣

调料：香油少许、盐 4 克、醋 1 汤匙

做法：

① 黑木耳、银耳用冷水泡发，一般需 2~3 小时。

② 将泡发后的黑木耳和银耳择好、洗净。

③ 大蒜轻拍后切成小碎块。

④ 锅中放入适量的水，煮开后将木耳、银耳放入，煮 2~3 分钟后即可捞出盛盘。

⑤ 将焯过的黑木耳和银耳放凉后，加入蒜碎，再加入适量的盐、醋、香油拌匀即可。

营养贴士：黑木耳味甘性平，含有多种微量元素，尤其是其中的铁含量，每 100 克黑木耳的铁含量为 97.4 毫克，高出菠菜 34 倍，是补血的佳品。银耳富含天然的胶质和膳食纤维，可以起到润肠、清热的功效，同时可提高人体免疫力。两者配合制成凉菜，美味可口且营养丰富。

香椿拌豆腐

主料：鲜香椿 100 克、北豆腐 200 克

调料：盐 3 克、香油少许

做法：

① 鲜香椿择好、洗净，锅中放入适量的水，水开后加入香椿，焯水后即刻捞出备用。

② 锅中再次放入适量的清水，煮开后将豆腐过水焯，去豆腥味。

③ 将焯好的香椿和豆腐放入盘中，加入适量的盐和少许香油拌匀即可。

营养贴士：豆腐由黄豆制成，营养价值非常高，除富含铁、镁、钾、钙等矿物质外，还富含维生素 B_1、维生素 B_6 等营养成分。香椿含有多种维生素和矿物质，特别是维生素 C 含量非常丰富，和豆腐拌成凉菜具有独特的香味，可口又容易吸收。需注意的是，香椿中除有益成分外还含有亚硝酸盐，用沸水焯烫 1 分钟后再食用，可去除 2/3 以上亚硝酸盐，还不影响色泽。

可口热菜

彩椒虾仁

主料：绿椒、红椒、黄椒各半个，虾仁 200 克

配料：葱、姜各少许

调料：盐 4 克

做法：

① 虾仁、葱、姜分别洗净，姜切丝、大葱切细段备用。

② 将绿、红、黄椒洗净后，切成 1 寸见方的片。

③ 锅微热后放入食用油，加入姜、葱炒出香气，将虾仁放入锅中大火翻炒一两分钟。

④ 放入绿椒，加入适量的盐，改用中火翻炒 2~3 分钟后加入红、黄椒炒匀后出锅。

营养贴士：青椒又称菜椒或甜椒，除绿色外还有黄色和红色等。青椒中含有丰富的抗氧化剂，如维生素 C、β－胡萝卜素等，能清除使血管老化的自由基，同时它也含有维生素 B_6 和叶酸，是一种营养素丰富的蔬菜。虾仁由鲜虾去头、剥皮制成，蛋白质含量高，富含维生素 A 和钾、碘、镁、磷等矿物质，与彩椒搭配炒制营养全面，又容易消化。

红烧蹄髈

主料：猪蹄髈 2 只

配料：姜 3 片、大葱两三段、大料 1 个、花椒十几粒、桂皮 1 小片

调料：盐 6 克、料酒 2 汤匙、酱油 2 汤匙、砂糖少许

做法：

① 蹄髈洗净，每只切成 4 块备用。

② 姜切片、大葱切寸段备用。

③ 锅微热后放入少许食用油和砂糖，中小火翻炒。

④ 锅中糖油炒至变色后改小火，放入蹄髈翻炒至均匀着色。

⑤ 放入姜、葱、花椒、大料、桂皮、料酒、酱油稍做翻炒。

⑥ 锅中加入开水和适量的盐，小火炖煮 90 分钟左右后关火即可。

营养贴士：猪蹄髈中含有丰富的胶原蛋白，而且脂肪含量也比五花肉要低得多，经常食用可以增加皮肤的弹性。同时，微量元素和维生素 A、维生素 D、维生素 E 的含量也很丰富，可以为孕妈妈提供多种营养物的补充。

清炒木耳菜

主料：木耳菜 250 克

配料：葱花少许、蒜适量

调料：盐 3 克

做法：

① 木耳菜洗净，摘去老根，控干水分。

② 锅中放入食用油，烧热后加入葱花爆香。

③ 放入木耳菜快速翻炒。

④ 出锅前调入适量盐。可根据个人口味加入适量大蒜末。

土豆烧豆角

材料：扁豆 250 克、土豆 1 个、猪肉 100 克

配料：葱花少许

调料：生抽 1 汤匙、盐 4 克

做法：

① 扁豆洗净，掰成小段。土豆洗净去皮，切成长条。猪肉切丝。

② 锅中放入适量食用油，烧热后加入葱花爆香。

③ 下入肉丝煸炒，变色后加入生抽。

④ 将扁豆和土豆放入锅中，继续翻炒 5 分钟左右。

⑤ 倒入一小碗开水，大火烧开后转小火炖煮 15 分钟至收汤。

珍珠丸子

主料：糯米200克、猪肉馅500克

配料：葱50克、姜20克

调料：盐4克、生抽2汤匙、香油1汤匙

做法：

① 糯米洗净，清水泡12小时以上备用。

② 葱、姜洗净，切末备用。

③ 准备1只干净的拌碗，将猪肉馅、葱、姜末放入碗中。

④ 碗中加入适量的食用油、盐、生抽和少许香油，顺时针方向搅拌直到肉馅上劲儿。

⑤ 将拌好的肉馅均分成两三厘米的大小后，团成丸子状。

⑥ 泡好的糯米控水，将肉丸放入其中均匀地粘上糯米。

⑦ 将粘好糯米的丸子放在盘中放入蒸锅。

⑧ 蒸锅上气后，中火蒸20分钟即可。

营养贴士：糯米富含蛋白质、维生素和淀粉，具有补中益气的功效，猪肉馅中含有丰富的动物蛋白和脂肪，制成菜品食用可以健脾胃，帮助孕妈妈缓解食欲不佳的情况。

榄菜肉末四季豆

主料：豆角 200 克、猪肉末 50 克、橄榄菜 10 克

配料：葱、姜各少许

调料：盐 3 克、生抽 1 汤匙、料酒 1 汤匙

做法：

① 豆角洗净，切成 1 厘米左右的小段，猪肉末加入少许料酒腌制。

② 葱切细段、姜切丝备用。

③ 锅中加入食用油，微热后放入葱、姜稍做翻炒。

④ 加入猪肉末翻炒至七成熟后，加入少许生抽。

⑤ 将豆角段放入锅中，调至中火翻炒 3~5 分钟后，加入适量的橄榄菜继续翻炒 2~3 分钟，加入适量的盐炒匀关火出锅（如豆角炒制中过干可加入少量水，由于豆角中含有皂角素，半生食用会中毒导致腹泻，所以一定要确保豆角炒至全熟）。

营养贴士：四季豆又名菜豆，性甘味淡，有消暑化湿和利水消肿的功效。橄榄菜是南方一种特有的风味小菜，是由橄榄树叶、花、果混合腌制而成（类似北方咸菜的制作过程，超市有售）。橄榄菜中富含橄榄油，营养价值丰富，同时它所富含的维生素 E 是血管的保护剂，配合四季豆及富含蛋白质和脂肪的猪肉一起炒制，美味又易于吸收。

木耳鸡片

主料：黄瓜半根、黑木耳 10 克、鸡胸肉 100 克

配料：姜、葱各少许

调料：盐 4 克、生抽 1 汤匙、干淀粉少许

做法：

① 黑木耳泡发 2 小时左右，洗净备用。

② 鸡胸肉洗净、切片，加入少许盐和干淀粉拌匀腌制。

③ 将黄瓜切片。

④ 姜、葱切丝备用。

⑤ 锅微热后放入食用油，加入姜、葱炒出香气后，将鸡肉放入锅中火翻炒。

⑥ 鸡片炒至七成熟后，加入适量生抽和木耳，继续中火翻炒 3~5 分钟。

⑦ 放入黄瓜翻炒 2~3 分钟后，加入适量的盐炒匀出锅。

营养贴士：鸡肉含有多种维生素且肉质细嫩易于吸收，黑木耳中含有蛋白质、维生素和粗纤维，可软化血管，降低血液黏稠度，黄瓜中的葫芦素 C 可提高人体免疫力，搭配食用营养丰富。

清蒸鲈鱼

主料：鲜鲈鱼 1 条

配料：葱、姜各少许

调料：料酒 1 汤匙、蒸鱼豉油 2 汤匙

做法：

① 鲈鱼去鳞和内脏后，洗净、控水，在鱼两面分别用刀划出两三个开口以便容易入味。

② 葱、姜洗净，均切成 5 厘米长细丝备用。

③ 将料酒均匀地涂抹在鱼的表面及鱼腹内后，取一半葱、姜丝放入鱼腹中，取 1 个干净的盘子，在盘子上架上一双筷子，将鱼放在筷子上。

④ 将鱼盘放入锅中，上气后大火蒸七八分钟关火。

⑤ 另取 1 个干净的盘子，将蒸好的鱼移至盘中后，把剩下的葱、姜丝摆在蒸好的鱼上，浇上蒸鱼豉油。

⑥ 锅中放入适量的食用油，大火烧热后关火，将油淋在浇过蒸鱼豉油的鱼上即可。

营养贴士：鲈鱼富含蛋白质、维生素 A 和 B 族维生素，同时脂肪含量低，很适合孕妈妈食用。蒸鱼时用筷子是为了将鱼和盘子隔开，蒸鱼时的水所会有腥味，隔开后可以很好地使水气落在盘子中不沾在鱼肉上。

土豆烧牛肉

主料：牛腩肉 500 克、土豆 1 个、胡萝卜 1 根

配料：葱两三段、姜 2 片、蒜 2 瓣、八角 1 个、花椒几粒、小茴香 1 小把、桂皮 1 小片

调料：盐 4 克、白糖少许、生抽 2 汤匙、老抽 1 汤匙、料酒 1 汤匙

做法：

① 牛腩肉洗净，切成 2 厘米见方的块，葱、姜、蒜洗净，葱切寸段，姜切片备用。

② 土豆和胡萝卜洗净，切成滚刀块备用。

③ 锅中放入牛腩肉和葱、姜、蒜，八角、花椒、小茴香、桂皮。

④ 将适量的盐、白糖、生抽、老抽、料酒加入锅中，直接开火加热。

⑤ 将肉紧出水后，加入适量的热水炖开。

⑥ 锅中加入切好的土豆块和胡萝卜块。

⑦ 中火炖 30~40 分钟关火出锅。

营养贴士：牛肉蛋白质含量高、脂肪含量低，牛肉中含有的丰富的蛋白质和氨基酸可帮助孕妈妈提高免疫力，防治下肢水肿。土豆含有丰富的 B 族维生素和丰富的膳食纤维，有助促进胃肠蠕动，胡萝卜中维生素 A 含量很高，搭配食用可以在获得能量的同时，避免过多地摄入脂肪，还可缓解便秘。

香菇蒸腿肉

材料：鸡腿 1 只，干香菇 10 朵

调料：生抽 2 汤匙、香油少许、盐 2 克

做法：

① 干香菇洗净，提前一天冷水泡发。

② 鸡腿去骨、取肉，切小丁。

③ 将香菇和鸡腿放入碗中，倒入生抽及盐，拌匀，入蒸锅，大火烧开后转中火，蒸 20 分钟。

④ 出锅后淋入少许香油即可。

炸茄夹

主料：圆茄子半个、猪肉馅 100 克

配料：葱、姜各少许、面肥 20 克、面粉 20 克

调料：盐 4 克、生抽 2 汤匙、香油少许

做法：

① 圆茄子洗净，从中间切开分成两半，再切成连刀片（即一片稍厚的茄片从中间部分切开不切断）备用。

② 葱、姜洗净，切末备用。

③ 准备 1 个干净的碗，将猪肉馅、葱、姜末放入碗中。

④ 碗中加入适量的食用油、盐、生抽和香油，顺时针方向搅拌直到肉馅上劲儿。

⑤ 将拌好的肉馅均匀地夹入茄片中。

⑥ 另取 1 个碗，放上一小块面肥和少许面粉（比例为 1∶3），加入适量的水拌成糊状，如没有面肥可放入少量淀粉代替。

⑦ 锅中放入食用油后，大火烧至七成热，将夹好肉馅的茄片裹上面糊，下锅炸至两面金黄即可。

营养贴士：茄子的营养较丰富，含有蛋白质、脂肪、碳水化合物、维生素以及钙、磷、铁、钾等多种营养成分。它的种类也较多，这里选择圆茄子是因为易切片且好熟，制作的时间相对短可少吸油。猪肉馅中含有丰富的动物蛋白和脂肪，适量地煎炸后可以为人体提供必要的脂肪储备。

白菜木耳

主料：白菜 200 克、黑木耳 10 克

配料：大葱少许

调料：盐 3 克

做法：

① 黑木耳提前泡发（约需 2 小时）。

② 白菜洗净、切片，大葱切细段。

③ 锅微热后放入食用油，下入葱段稍翻炒后，下入白菜，中火炒 2~3 分钟。

④ 加入木耳后，继续中火翻炒 3~4 分钟。

⑤ 加入适量的盐，炒匀关火出锅。

营养贴士：每 100 克黑木耳中含有 185 毫克的铁，是补血佳品，同时黑木耳含有丰富的蛋白质、维生素和粗纤维，食用黑木耳还可软化血管，降低血液黏稠度，搭配白菜炒制食用，可在为孕妈妈提供营养的同时起到润燥的功效。

炝炒鲜藕片

主料：鲜莲藕 200 克

配料：花椒十几粒

调料：盐 3 克、白糖少许、醋 1 汤匙

做法：

① 鲜藕洗净、切片备用。

② 锅中放入食用油，加入花椒煎出香气。

③ 锅中放入藕片大火翻炒 2~3 分钟后，加少许白糖和适量的醋。

④ 继续翻炒 2~3 分钟后，加入适量的盐出锅。

营养贴士：莲藕富含淀粉、蛋白质、B 族维生素、维生素 C 和多种矿物质，可以起到润燥止渴、清心安神、止吐的作用。但由于是水生植物，性较为寒凉，选用花椒作为辅料可以起到驱寒除湿的功能，更适合孕妈妈食用，配合糖醋炒制还可增加孕妈妈的食欲。

红烧茄子

主料：圆茄子 1 个

配料：大葱、大蒜各适量

调料：盐 4 克、酱油 2 汤匙、砂糖少许

做法：

① 圆茄子洗净、切片备用。

② 大葱切细段，蒜瓣洗净、轻拍后切末备用。

③ 锅中放入适量的食用油，烧至六成热后煎茄片，煎好的茄片放入适合的容器中控油备用。

④ 锅中放入少量的油和砂糖，小火将油炒至变色，放入葱、酱油和茄片后，改大翻炒 1~2 分钟，加入适量的盐，关火拌入蒜末出锅。

营养贴士：茄子营养丰富，每 100 克茄子中维生素 E 的含量高达 150 毫克，是花生的 8 倍，具有抗氧化的作用。同时，茄子皮中也含有丰富的维生素，尤其是 B 族维生素含量更高，所以食用时建议不要去皮。但由于茄子不易消化，建议孕妈妈要适量食用，如果有便溏的症状时不可食用。

西芹百合

主料：西芹 200 克、鲜百合 50 克、胡萝卜 50 克

调料：盐 3 克、花椒几粒

做法：

① 西芹去叶、摘好、洗净，斜切成寸段，鲜百合洗净、掰成片，胡萝卜切成菱形片备用。

② 锅中放入食用油，放入花椒煸出香味。

③ 将胡萝卜和西芹放入锅中，中火翻炒两三分钟。

④ 锅中放入鲜百合片，大火稍做翻炒即可关火。

⑤ 加入适量的盐拌匀出锅。

营养贴士：西芹中的钾、钙、铁含量丰富，同时还富含膳食纤维。百合含有丰富的维生素，同时还可以起到安神、润肺的作用，两者炒制食用爽口润燥，配以胡萝卜在色彩上还可引人食欲。由于两种食材生吃清脆爽口，且过熟会使维生素流失过多，所以注意制作时不要炒得过熟。

虾皮西葫芦

主料：西葫芦 200 克、虾皮 50 克

配料：大葱少许

调料：盐 2 克

做法：

① 西葫芦洗净、切片，大葱切细备用。

② 锅中放入食用油，加入虾皮和大葱稍做翻炒。

③ 将西葫芦片放入锅中，中火翻炒 2~3 分钟。

④ 加入适量的盐翻炒后出锅。

营养贴士：西葫芦富含维生素 C 和矿物质，尤其是钙的含量极高，虾皮也是一种含钙丰富的食物，搭配一同炒制是一道补钙的好菜。

香醇靓汤

白菜鲜贝汤

主料：白菜 100 克、干鲜贝四五粒

配料：大葱少许

调料：香油少许、盐 2 克

做法：

① 干鲜贝洗净，清水泡 15 分钟左右。

② 白菜洗净、切片，大葱切细段。

③ 锅中放入适量水，加入葱、白菜和鲜贝大火烧开后，中火煮七八分钟。

④ 加入适量的盐，关火后加入少量香油。

营养贴士：鲜贝是一种美味的海鲜食品，蛋白质含量高，胆固醇含量低。这里选用的是晒制后的干鲜贝，是因为海产品寒凉，经过晒制的鲜贝已大大降低了这个问题，同时它又是一种天然的味素，在煮制过程中时间稍长会更加鲜美。

萝卜丸子汤

主料：红萝卜 100 克、羊肉馅 100 克

配料：大葱、姜、香菜各少许

调料：香油少许、生抽 1 汤匙、盐 3 克

做法：

① 红萝卜洗净、切成细丝，葱、姜切末，香菜切成寸段备用。

② 准备 1 个干净的拌碗，将羊肉馅、葱、姜末放入碗中。

③ 碗中加入适量的食用油、盐、生抽和少许香油，顺时针方向搅拌直到肉馅上劲儿。

④ 取 1 只大小适中的勺子，将肉馅分成匀等份，团成丸子形状。

⑤ 锅中放入适量水，加入葱和萝卜丝后中火煮开。

⑥ 将丸子用勺放入锅中，中火煮 3~4 分钟。

⑦ 加入适量的盐，关火后加入香菜和少量香油。

营养贴士：红萝卜除与其他品种的萝卜一样含有多种矿物质和微量元素，相比较更适合炖煮食用。羊肉味甘性温，具有补肾壮阳的功效，比较适合冬天食用，可以温补气血，开胃祛寒，配合萝卜做成汤品，非常可口又可滋补身体。

银耳雪梨羹

主料：银耳 10 克、雪花梨半个、枸杞几粒

调料：冰糖 10 克

做法：

① 银耳泡发两三个小时，雪花梨洗净，切成 2 厘米左右的小块，枸杞洗净备用。

② 将发好的银耳和梨块放入锅中，加适量的水，开锅后小火炖煮三四十分钟。

③ 锅中加入冰糖和备好的枸杞，继续小火加热 10 分钟左右关火即可。

营养贴士：雪梨俗称雪花梨，耐炖煮，可润肺，与银耳、枸杞搭配炖汤，可养胃、润肠、祛燥、安神。

花样主食

白菜包子

主料：全麦面粉 500 克、猪肉馅 200 克、大白菜 400 克

配料：葱、姜各少许

调料：食用油适量、盐 4 克、生抽 2 汤匙、香油适量、面肥（或酵母）5 克～6 克、碱 3 克～5 克

做法：

① 将面肥或酵母用少量清水泡开，如用酵母则每 500 克面粉配 5 克～6 克酵母。

② 取 1 个干净无油的盆，放入面粉、泡开的面肥或酵母，加入适量的水揉成面团盖上盖子饧发。

③ 将白菜掰片、洗净，切丝后剁碎，挤水后备用。

④ 准备一个干净的拌碗，将猪肉馅、葱、姜末放入碗中。

⑤ 碗中加入适量的食用油、盐、生抽和少许香油，顺时针方向搅拌直到肉馅上劲儿后，加入挤好水的白菜继续顺时针拌匀。

⑥ 饧发至面团是原有的 2 倍大（或大于 2 倍时），如选面肥要加入适量的碱水（每 500 克面粉需 3 克～5 克碱粉溶成碱水），充分揉匀后再饧发 10 分钟左右。如选用酵母直接进入第 7 步操作。

⑦ 案板上铺撒上面粉，将饧发好的面团放在案板上用力充分揉匀，排出发酵所产生的气泡。

⑧ 将面搓成长条后分成剂子，擀成皮，将拌好的馅包入皮中包成包子。

⑨ 蒸锅放入适量的水烧开，开水上屉大火蒸 20 分钟即可。

营养贴士：白菜又有百菜之王之称，它的成分中 95% 是水，但其营养却十分丰富，不但富含铁、钾等矿物质和维生素 A，而且还含有丰富的粗纤维。猪肉馅中含有丰富的动物蛋白和脂肪，拌馅蒸成包子食用美味又简便，而且粗纤维还可以帮助孕妈妈缓解便秘的现象。

红薯米饭

主料：红薯 1 个、大米 200 克

做法：

① 大米淘洗后加入适量的水，泡 15 分钟左右。

② 选一个大小适中的红薯，洗净、去皮，切成滚刀块。

③ 将泡好的大米和红薯放入电饭锅中，加入适量的水蒸熟。

营养贴士：红薯中含有丰富的维生素 E、B 族维生素、维生素 C 和微量元素，特别是所含的赖氨酸对粮谷类食品是很好的补充。同时，红薯中富含膳食纤维，可以促进胃肠蠕动，帮助孕妈妈缓解便秘的现象。

全麦麻酱花卷

主料：全麦面粉 500 克、芝麻酱 50 克、绵白糖 10 克

调料：面肥（或酵母）5 克 ~6 克、碱 3 克 ~5 克

做法：

① 将面肥或酵母用少量清水泡开，如用酵母则每 500 克面粉配 5 克 ~6 克酵母。

② 取 1 个干净无油的盆，放入面粉、泡开的面肥或酵母，加入适量的水揉成面团，盖上盖子饧发。

③ 饧发至面团是原有的 2 倍大（或大于 2 倍时），如选面肥要加入适量的碱水（每 500 克面粉需 3 克 ~5 克碱粉溶成碱水），充分揉匀后再饧发 10 分钟左右。如选用酵母直接进入第 4 步操作。

④ 案板上铺撒上面粉，将饧发好的面团放在案板上用力充分揉匀，排出发酵所产生的气泡。

⑤ 将面搓成长条后擀成长饼状。

⑥ 取一个干净的碗，放入适量的芝麻酱和绵白糖，拌匀后均匀地抹在面皮上。

⑦ 从一端开始卷起，边卷边抻，卷到末端收口捏紧，分切成 2 厘米 ~3 厘米的小段。

⑧ 每两个小段摞在一起，用手从中间部位压紧后，两手分别向反向拧成花状。

⑨ 蒸锅放入适量的水烧开，开水上屉大火蒸 15 分钟即可。

营养贴士：全麦面粉是由全粒小麦经过磨粉、筛分等步骤制成的。它保有与原来整粒小麦相同比例的胚芽，所以营养比精白面丰富且麦香味更浓郁，但口感会比一般面粉粗糙些。芝麻酱中含有丰富的维生素和矿物质，尤其钙含量很高，同时还含有卵磷脂和油脂且味道香醇，与全麦粉一起制成花卷食用美味又营养。

贴饼子

主料：玉米面 400 克、黄豆面 100 克

调料：小苏打 3 克、食用油少许

做法：

① 取 1 个干净无油的盆，放入玉米面、黄豆面和小苏打（玉米面和黄豆面的比例为 1:4，每 1 斤玉米粉加 3 克小苏打），加入适量的水揉成面团，盖上盖子饧发 1 小时左右。

② 饧好的面团揉匀后制成拳头大小，轻压成 1 厘米左右的薄饼。

③ 饼铛加热后加入少许食用油，将薄饼放入饼铛中烙两三分钟后，加入少许水盖上盖子，再焖制两三分钟关火即可。

营养贴士：玉米的营养价值丰富，含有大量的卵磷脂、亚油酸、维生素 E 和纤维素等。黄豆面由黄豆制成，具有黄豆的所有营养成分，在这里加入少许黄豆面可以使饼子更松软可口，更容易被孕妈妈所接受。孕晚期多食用些粗粮会缓解孕妈妈的便秘现象。

虾皮炒窝头

主料：小个窝头 2 个、虾皮 20 克

配料：韭菜一小把

调料：盐 2 克

做法：

① 窝头切成小丁备用。韭菜洗净，切成长约 1 厘米的小段。

② 锅中放入食用油，烧热后下入窝头丁翻炒。

③ 加入虾皮，翻炒片刻后调入适量的盐。

④ 加入韭菜段，翻炒片刻后出锅。

营养贴士：窝头常用玉米面或杂合面做成，含有丰富的膳食纤维，能刺激肠道蠕动，可预防动脉粥样硬化和冠心病等心血管疾病的发生，对孕期导致的便秘具有缓解作用。虾皮含有丰富的钙质，可以预防准妈妈由于低钙血症引起的腿抽筋等症状。在制作的过程中，应少量加入盐调味，因为虾皮本身具有咸味，应避免重复加入盐后导致菜品过咸。

红豆米饭

主料：红豆 100 克、大米 100 克

做法：

① 将红豆提前泡 4~5 小时。

② 将泡好的红豆和大米洗净，放入电饭锅中，加入适量的水蒸熟。

营养贴士：红豆又名赤小豆，除含有丰富的维生素外，还具有清热解毒、补虚消肿的功效，与大米一起蒸饭食用，可帮助孕晚期的准妈妈缓解水肿现象。

花生大枣山药粥

主料：花生 50 克、大枣 50 克、山药 100 克、大米 100 克

做法：

① 山药洗净，切滚刀块，放入清水中备用（山药易氧化，放入清水中可避免变黑）。

② 将花生、大枣洗净，和淘好后的大米加入适量的水，烧开后改为中火煮 30 分钟左右。

③ 将山药放入锅中，再用中火煮 20 分钟左右，关火出锅。

营养贴士：花生中含有丰富的维生素E，可以促进胎宝宝的发育，预防流产和早产。红枣含有蛋白质、多种氨基酸和多种维生素，可以起到补血的功效。花生、大枣搭配山药煮粥不但可以起到健脾养胃的功效，还可以帮助孕妈妈补血、安神。

小米南瓜粥

主料：小米 100 克、南瓜 100 克

做法：

① 南瓜洗净，切块备用。

② 小米淘好后加入适量的水，大火烧开后中火煮 20 分钟左右。

③ 将南瓜放入锅中，再中火煮 20 分钟左右关火出锅。

营养贴士：南瓜又名金瓜，属于葫芦科植物，富含维生素，食用可提高人体的免疫力，其中的类胡萝卜素在机体内可转化为维生素 A 保护视力，小米可养阴补虚，搭配熬粥更宜于保护孕妇的肠胃，宜于营养的吸收。

六、医师女儿的孕晚期故事

怀孕的时光说漫长，其实也飞快。随着时间的推移，我也慢慢步入了孕晚期。肚子越来越大，我的行动开始不方便起来，妈妈不让我自己做饭了，每天下班回娘家吃饭。工作的时候也得到了越来越多的照顾，主任给我派了年轻的住院医师当助手，并且取消了我的夜班。同事们也都抢着帮我分担工作，让我很感动。但是这样并没有避免血压升高的噩运。怀孕7个月左右，我在工作时突然感到自己头晕乎乎的，有些发涨，本来还以为自己写病历时间久了颈椎不舒服。身旁的同事提醒我注意血压情况，请护士一测，果然高出了正常值，150/90mmHg的数值虽然仅仅高于正常标准一点，但是对平时血压常常在90/60mmHg的我来讲，已经是难以忍受了。所以我选择了请假休息，在平静状态下二次测量还是高于正常水平。我到产科门诊就诊，产科医师很严肃地要求我停止工作回家休息，并且自行监测血压。于是，我再次请病假，在家休息，大概休息了三天左右，我的血压怎么测也不高了，我想大概还是由于工作比较紧张引起的，不能算是妊娠高血压疾病。产科同事也同意我的观点，让我多注意休息。

随着腹围越来越大，宫底越来越高，我开始反酸、烧心，每顿晚餐都吃不多，夜里常常饿醒了要吃加餐。增大的腹部还严重地影响了我的睡眠，姿势太单一，翻身都成了困难的事情。虽然也准备了孕妇枕，但是效果并不怎么好，夜里睡觉经常一两个小时就醒来一次，有时候干脆起来在屋子里来回溜达。还好我还能保证午睡时间，这样能适当缓解点疲劳症状。我早就已经在站立的时候看不到自己的脚了，对我来说最困难的事情是剪脚指甲，我又不放心粗心的老公帮我剪，所以每次剪脚指甲都要摆出很别扭的姿势。一直到怀孕37周的时候，不管怎样的姿势都不能够到自己的脚了，才勉强让老公帮忙剪了一次，却发现老公很认真很细心地帮我剪。所以，不要小看男人的能力，姐妹们大可在自己大腹便便的时候给自己孩子的爸爸安排些力所能及的事情。

怀孕8个月后，我还出现了大腿根部和会阴部疼痛，那种疼痛很难受，走路、变换体位甚至夜里翻身的时候都很疼。产科医师告诉我其实是因为韧带不断松弛引起的，还和压迫有关，没有什么好办法，这种症状只有等到分娩后才能消失。随之而来的还有大腿和小腿以及脚背的水肿，这种水肿症状大部分的孕妇在孕晚期都会出现，跟压迫有关，我很幸运，水肿不严重，连平时穿的运动鞋也还能穿进去，每天晚上我都会用温水泡脚，再请老公帮我轻轻地按摩下肢来缓解肿胀。虽然没有妊娠纹，但是我腹部的皮肤不停地瘙痒，总是忍不住去挠，可能也是由于冬季皮肤干燥的原因，我用妊娠纹按摩油效果并不明显，后来我改用天然的芦荟胶涂抹局部皮肤，瘙痒的症状就基本缓解了。芦荟胶不仅可以在孕期缓解皮肤干燥瘙痒，在月子里还可以涂抹乳头缓解因为喂奶引起的乳头皲裂，只需要在喂奶前用温水擦净就可以了，非常方便。

怀孕9个月的时候，经过产科主任和其他同事的评估，决定给我施行剖宫产。因为我同时合并了先天性心脏病、高龄、椎间盘突出症等疾病，不适宜自己分娩。我很遗憾，因为少了一种自然分娩的体会，但是为了自己和宝宝的健康，我选择听从专业医师的意见。于是在妊娠39周的时候，我的阳阳宝宝顺利地诞生了，宝宝很健康，体重3500克，身长51厘米。整个孕期我没有一条妊娠纹，体重只上升了12.5千克，在分娩后2个月体重就恢复到了孕前的水平。看似很难的一件事，终于在大家的关怀帮助、家人的关爱和自己的努力坚持下完成了，所有的辛苦在见到宝宝的那一刻全都化为乌有，让我甘之如饴。这就是我快乐幸福的孕期故事。

甜蜜的孕期时光

在整个孕期，由于妊娠给身体带来的巨大变化，准妈妈的胃口也会随着不同阶段而变化。由于胎儿逐渐长大，增大的子宫对胃肠道进行压迫，从而使准妈妈怀孕早期出现的妊娠反应逐渐变成反酸、胃胀、饭量减小等怀孕中、晚期表现。这时候，单单是每日三餐，已经不能满足准妈妈和胎宝宝的能量供应了。在两餐之间，准妈妈应该常备些加餐或者零食，不要等到饥饿感很强了再去进食，以免产生过多胃酸导致不适症状。

目前，市售的零食和加餐类食品多种多样，但是质量问题也非常让人担心。过多的防腐剂和添加剂、反式脂肪酸等已经越来越被人们重视。这样的零食吃了后不但不能带来健康，反而会影响准妈妈的健康和胎宝宝的发育。特别是当气温变暖，食品变质后更可能会造成准妈妈腹泻，从而引起流产等一系列危险情况的发生。市售的一些甜点大多都是重油、重糖口味的，过多摄入这样的食品也会给准妈妈带来血糖增高、体重增高等一系列健康问题。所以，我们在选择加餐的同时更要注重食品的健康和卫生。自己动手，根据自己喜欢的口感制作一些小零食，吃得放心又开心。

我在怀孕期间，这些饼干、点心几乎陪伴了整个孕期，工作间歇吃几块点心，或者夜里饿醒了吃几块饼干，都是不错的选择。当然，需要提醒准妈妈注意的是，在整个孕期，我们都需要对自己的体重和血糖进行监控，一旦发现这些指标超出正常范围，应该适当控制自己的饮食。如果本身已经存在糖尿病或合并了妊娠糖尿病的准妈妈，应该控制甜品的摄入量，并更换为代糖食物。

在怀孕期间，适当的小零食不但可以为孕妈妈提供及时的能量补充，还可以帮助孕妈妈缓解情绪，使心情更加愉快，可以选择一些小零食随身携带，不定时地吃一些。本书选取了十几种简单易做、营养健康的小零食，希望每一位孕妈妈可以轻松愉快地度过这段美妙的孕育之旅。

手作烘焙

杯子奶油水果蛋糕

材料：蛋黄 2 个，细砂糖 45 克，蛋白 2 个，低筋面粉 30 克，玉米淀粉 20 克，奶粉 10 克

表面装饰：淡奶油、草莓各适量

做法：

① 蛋黄加入砂糖，搅打均匀。

② 蛋白分 3 次加入砂糖，用打蛋器快速搅打至九分发，提起打蛋器可见蛋白成挺立的尖角。

③ 混合蛋白糊和蛋黄糊，用刮刀切拌均匀。

④ 低粉、玉米淀粉和奶粉过筛后加入到混合好的鸡蛋糊中，用刮刀切拌均匀成蛋糕糊。

⑤ 用小勺将蛋糕糊装入纸杯中，八分满。

⑥ 烤箱 180℃预热，中下层烤制 20 分钟，取出后充分放凉。

⑦ 淡奶油打发，用裱花嘴在蛋糕表面以画圈的方法挤上奶油，摆上半个草莓。

营养贴士：由于孕中期到孕晚期，增大的子宫向上膨大，压迫了胃部，使胃容量缩小，造成准妈妈每次进食量减少，这时候应该将饮食习惯改为少吃多餐，所以加餐变得必不可少。但是市售的点心蛋糕有些是用反式脂肪酸材料制成的，不但对人体健康不好，吃多了还会直接造成宝宝发育障碍或智力障碍。所以自己制作的甜点应该选用纯动物黄油、奶油来制作。这样能保证母婴健康。

豆沙酥

材料：无盐黄油 60 克，糖粉 40 克，鸡蛋 1 个，牛奶 30 克，低筋面粉 200 克，泡打粉 2 克，豆沙馅 200 克

表面装饰：蛋液少许，黑芝麻少许

做法：

① 黄油切成小丁，室温软化。

② 分 3 次加入糖粉，打发至颜色发白，体积膨大。

③ 鸡蛋液留出少许，分 3 次加入黄油糊中，每次均搅打均匀。

④ 加入牛奶，搅打均匀。

⑤ 将低筋面粉和泡打粉过筛后加入，以刮刀切拌至无干粉状态，然后揉捏成团。

⑥ 揉好的面团包好保鲜膜，静置 15 分钟。

⑦ 将面团分为两等份，搓成长条状，压扁，将豆沙馅搓成长条状，放于面片上，包好卷起，成圆柱状。

⑧ 用利刀切成大小均匀的小段，表面刷少许蛋液，撒几粒芝麻。

⑨ 烤箱 180℃预热，中下层烤制 18 分钟左右。

Tips：由于不同面粉的吸水率不同，可以根据面团的软硬程度调整牛奶的用量，面团不宜过干，否则烤制时容易开裂。

果酱小曲奇

材料：无盐黄油 80 克，糖粉 45 克，盐 1 克，鸡蛋液 20 克，低筋面粉 100 克，果酱适量

做法：

① 黄油室温软化后，分次加入糖粉及盐，打发至发白膨大。

② 分 2 次加入鸡蛋液，每次均充分搅拌至均匀。

③ 低筋面粉过筛后加入黄油糊中，搅拌成比较稀的面糊。

④ 用 2 把小勺子将一小块面糊在烤盘上稍整形成圆球状。

⑤ 用蘸水的筷子头将小球中间扎一个小洞，并挤入果酱。

⑥ 烤盘放入 175℃ 预热的烤箱，中层，烤制 15 分钟左右至上色。取出后彻底放凉。

海苔芝麻咸饼干

材料：无盐黄油 75 克，鸡蛋 1 个，黑芝麻 30 克，糖粉 7 克，盐 3 克，海苔碎少许，低筋面粉 150 克

做法：

① 黄油切小丁，室温软化。

② 加入糖粉和盐，充分搅打均匀。

③ 分 3 次加入鸡蛋液，每次均搅打均匀。

④ 加入过筛好的低筋面粉，用刮刀切拌至无干粉状态后，加入黑芝麻及海苔。

⑤ 揉成面团，包好保鲜膜，整形成圆柱状，放入冰箱冷冻室冷冻半小时。

⑥ 取出后稍回温，切成 0.5 厘米左右的厚片，排入不粘烤盘。

⑦ 烤箱 180℃预热，中下层烤制 18 分钟左右。

Tips：由于妊娠期间口味的转变，有时候常吃甜食让准妈妈感觉口感油腻，或者会出现反酸等不适症状，这时候适当地添加一些咸口味的小零食可以增加食欲，特别是加入了海苔和芝麻，保证口感的同时也保证了一定的营养。

红糖核桃饼干

材料：无盐黄油 65 克，红糖 50 克，鸡蛋 1 个，低筋面粉 170 克，核桃碎 50 克

做法：

① 无盐黄油切成小丁，室温软化。

② 分 3 次加入红糖，搅打均匀。

③ 分 3 次加入鸡蛋液，每次充分搅打均匀。

④ 将低筋面粉过筛后加入黄油糊中，用刮刀稍微切拌后加入核桃碎。

⑤ 揉成面团，整形成长条状，包好保鲜膜，整形成方形柱状。

⑥ 放入冰箱冷冻室，冷冻半小时。

⑦ 取出后去掉保鲜膜，稍微回温后切成 0.5 厘米左右厚度的片，排入烤盘。

⑧ 烤箱 170℃ 预热，中下层烤制 25 分钟。

Tips：怀孕期间口味变得跟平常不同，也许让准妈妈吃核桃变得困难起来，有些准妈妈会觉得核桃没有味道甚至油腻。这时候我们可以变换方式，用核桃制作成小点心让准妈妈们当作零食带在身边，两全其美。需要注意的是，饼干应该彻底放凉后再食用，不然不够脆，保存时应该防潮密封。

焦糖核桃派

材料：

派皮：高筋面粉 100 克，细砂糖 30 克，黄油 50 克，鸡蛋液 25 克，盐 1 克

焦糖核桃馅：核桃仁 100 克，细砂糖 60 克，蜂蜜 30 克，牛奶 80 克，黄油 5 克

做法：

① 黄油软化后加入砂糖、盐，稍微搅拌至均匀即可。

② 分 3 次加入鸡蛋液，搅拌均匀。

③ 倒入高筋面粉，揉成面团，包好保鲜膜静置 20 分钟。

④ 将面团擀成 0.3 厘米左右薄片，放入派盘（6 寸），轻压边缘，并用擀面杖压去边缘多余的面皮，并用叉子在派皮上扎小孔。

⑤ 制作焦糖核桃馅：砂糖与蜂蜜混合均匀，放入锅中小火加热，同时不停搅拌，直至溶解沸腾，颜色呈焦红色，关火。立刻向糖浆中缓缓倒入烧开的牛奶，同时给予搅拌，加入黄油，混合均匀后倒入核桃仁，搅拌后室温放置冷却。

⑥ 将焦糖核桃馅倒入派皮中，静置 20 分钟。

⑦ 烤箱 180℃预热，中层烤制 25 分钟。

烤红薯

材料：红薯 3 个

做法：

① 红薯洗净，控干表面水分。

② 烤箱 200℃预热，烤盘提前铺好锡纸。

③ 放入红薯，烤制 1 小时。中间打开烤箱门稍加翻动。

Tips：红薯应该选择个头均匀的，不宜过大，否则不容易烤熟。

玛德琳蛋糕

材料：低筋面粉 100 克，细砂糖 100 克，柠檬皮屑 1/4 个，鸡蛋 2 个，黄油 100 克，泡打粉 1/4 小勺，香草粉少许

做法：

① 柠檬皮屑提前加入砂糖。干燥清洁的盆内放入鸡蛋和砂糖。

② 充分搅打均匀。

③ 加入过筛好的低筋面粉、泡打粉以及香草粉混合物。

④ 将面粉切拌均匀至糊状。

⑤ 将黄油切小块后放入碗里，用微波炉加热至完全融化，变成液体状，加入到面糊中。

⑥ 充分搅拌均匀至面糊和黄油完全融合。

⑦ 将蛋糕糊装入裱花袋中，放入冰箱冷藏室 1 小时，取出后稍微回温。

⑧ 用裱花袋将蛋糕糊挤入不粘蛋糕模中，八分满。

⑨ 烤箱 190℃ 预热后，烤制 15 分钟，出炉后立刻脱模，放凉后密封保存。

蔓越莓饼干

材料：黄油 75 克，糖粉 60 克，全蛋液 15 克，低粉 115 克，蔓越莓干 35 克（适当切碎）

做法：

① 黄油切小丁，室温软化，分 3 次加入糖粉，每次均充分搅打均匀。

② 加入蛋液，搅打均匀。

③ 低筋面粉过筛后加入黄油糊中，用刮刀切拌几下后加入蔓越莓干。

④ 以刮刀充分切拌至无干粉状态，用手揉成面团，整形成长条状，包好保鲜膜。

⑤ 入冰箱冷冻室冷冻半小时以上。

⑥ 取出面团后稍微回温，用刀切成 0.5 厘米左右厚度的片，排入烤盘。

⑦ 烤箱 165℃ 预热，放入中层，烤制 20 分钟取出，彻底放凉后密封保存。

蔓越莓酥球

材料：低筋面粉 150 克，无盐黄油 75 克，蔓越莓干 40 克，细砂糖 30 克，鸡蛋 1 个

做法：

① 黄油切成小丁，室温软化。

② 分 3 次加入细砂糖，搅打至发白膨大。

③ 分 3 次加入鸡蛋液，每次均充分搅拌均匀。

④ 倒入过筛后的低筋面粉，用刮刀拌匀。

⑤ 将蔓越莓干切碎，加入面粉中。揉成面团。

⑥ 去一小块面团，约 10 克，搓成圆球，排入烤盘。

⑦ 烤箱 170℃预热，中下层烤制 20 分钟。

柠檬酸奶蛋糕

材料：无盐黄油 60 克，细砂糖 60 克，鸡蛋 1 个，酸奶 50 克，鲜柠檬汁 15 毫升，低筋面粉 100 克，泡打粉 1/2 小勺

做法：

① 黄油切小丁，放入干燥的盆内，室温软化。

② 分 3 次加入细砂糖，每次均用打蛋器搅打均匀。

③ 分 3 次加入鸡蛋液，每次均搅打均匀。

④ 加入柠檬汁和酸奶，搅拌均匀。

⑤ 加入过筛后的低筋面粉和泡打粉，用刮刀充分搅拌至无干粉状态的面糊。

⑥ 将面糊装入裱花袋，挤入蛋糕模具中，八分满，排入烤盘。

⑦ 烤箱 185℃预热，在中下层放入烤盘，烤制 25 分钟。

黄油玛芬蛋糕

材料：黄油120克，细砂糖100克，鸡蛋2个，牛奶140毫升，低筋面粉200克，盐1/4小勺，泡打粉1/2小勺，耐烘焙巧克力豆适量

做法：

① 黄油软化后，分3次加入细砂糖打发到颜色发白膨大。

② 分3次加入打散的鸡蛋液，搅打均匀。

③ 加入牛奶，搅拌均匀。

④ 低筋面粉和泡打粉、盐混合，过筛后加入糊中，以刮刀切拌均匀。

⑤ 加入耐烘焙巧克力豆后搅拌均匀。

⑥ 将面糊装入裱花袋，烤盘内放入一张烘焙纸（不粘烤盘可省略）。

⑦ 将裱花袋内的面糊挤入模具，2/3满，表面撒上几颗巧克力豆装饰。

⑧ 烤箱185℃预热，约25分钟。顶部上色后可以加盖锡纸。

Tips：制作中可根据个人口味省略巧克力豆，也可以添加蔓越莓干或葡萄干等。烤制的时间根据模具大小适当调整。

香酥提子条

材料：黄油 80 克，糖粉 80 克，低筋面粉 220 克，鸡蛋 1 个，盐 1/4 小勺，提子干 100 克

做法：

① 将黄油软化后，分 3 次加入糖，打发到体积稍膨大，颜色变浅。

② 分 3 次加入打散的鸡蛋，每次均充分搅打均匀。

③ 加入盐，搅打均匀。

④ 加入过筛后的低筋面粉及提子干。

⑤用手揉成面团后装入保鲜袋，擀面杖擀成片状后放进冰箱冷冻室冷冻 1.5 小时。

⑥ 冻硬的面团拿出来，用刀切成条状，排入烤盘，烤箱预热到 200℃，烤焙 15 分钟左右。

椰丝球

材料：黄油 50 克，糖粉 40 克，低筋面粉 35 克，奶粉 2 大勺，鸡蛋 1 个，椰蓉 80 克，椰丝 20 克

做法：

① 黄油室温软化，分 3 次加入糖粉，打发至发白膨大。

② 分次加入蛋液，每次均充分搅拌均匀。

③ 奶粉过筛后，加入黄油糊中，搅拌均匀。

④ 低筋面粉过筛后加入糊中。

⑤ 加入全部椰蓉，用刮刀切拌至无干粉状态后揉成面团。

⑥ 取一小块面团揉搓成圆形小球，放在椰丝里滚上椰丝。

⑦ 烤盘垫锡纸，将椰丝球排入烤盘，放入中层，烤箱预热至180℃，烤制15~20分钟，至表面呈金黄色。

牛奶布丁

材料：牛奶 250 毫升，砂糖 30 克，淡奶油 60 毫升，鸡蛋 2 个

做法：

① 鸡蛋打散，将淡奶油加入蛋液中，搅拌均匀。

② 牛奶加入砂糖，煮开至砂糖融化，放至微温。

③ 将牛奶倒入鸡蛋液中，搅拌均匀，即布丁液。

④ 布丁液用滤网过筛 2 遍，倒入布丁杯中。

⑤ 烤盘加水，将布丁杯放入烤盘。

⑥ 烤箱 150℃预热，水浴法烤制 35 分钟左右。

Tips：选择有盖子的布丁杯，就可以将烤好的布丁随身携带当作加餐了。

桃酥

材料：面粉 100 克，细砂糖 40 克，色拉油 50 克，鸡蛋 15 克，核桃碎 30 克，泡打粉 1/4 小勺，小苏打 1/8 小勺

做法：

① 将砂糖、色拉油加入盆中，搅拌均匀。

② 加入蛋液，搅拌均匀。

③ 加入过筛后的面粉、泡打粉及小苏打，倒入核桃碎，和成面团。

④ 取一小块面团，搓圆，压扁，排入不粘烤盘，中间留有间隔。表面刷少许蛋液。

⑤ 烤箱 180℃预热，中下层烤制 15 分钟。

铜锣烧

材料：面粉 120 克，鸡蛋 2 个，砂糖 70 克，牛奶 45 克，蜂蜜 15 克，红豆沙适量

做法：

① 鸡蛋加砂糖放入盆中，用打蛋器搅打至颜色发白。

② 加入牛奶及蜂蜜，搅拌均匀。

③ 面粉过筛后加入鸡蛋糊中，搅拌均匀后盖好保鲜膜静置半小时。

④ 平底不粘锅加热，用勺子舀一勺面糊入锅，小火加热，至小饼表面出现大气泡后翻面，再加热片刻。

⑤ 出锅后放凉，两片小饼中间夹入豆沙馅。

枣糕

材料：红枣 50 克，牛奶 60 毫升，红糖 40 克，细砂糖 40 克，鸡蛋 4 个，低筋面粉 140 克，盐 2 克，泡打粉 2 克，色拉油 85 克

份量：22 厘米 ×18 厘米烤盘一盘。

做法：

① 红枣去核，切碎，倒入牛奶，浸泡 20 分钟，用食品料理机打碎成糊。

② 鸡蛋全部打入干净的盆中，坐浴在 45℃左右的温水中，用电动打蛋器中速搅打，并分 3 次加入红糖、盐及砂糖。

③ 耐心搅打，直至鸡蛋糊变得浓稠膨大。

④ 加入红枣糊，搅拌均匀后加入色拉油，搅拌均匀。

⑤ 将低筋面粉和泡打粉过筛后加入蛋糊中，用刮刀切拌均匀即为蛋糕糊。

⑥ 烤盘铺好锡纸，将蛋糕糊倒入烤盘，用刮刀抹平表面，轻震几下。

⑦ 烤箱 150℃预热，放入烤箱中下层，烤制 35 分钟。

饮品甜品

百合马蹄饮

材料：鲜马蹄 5 个，鲜百合少许，冰糖少许，枸杞适量

做法：

① 鲜马蹄洗净表面泥沙，去皮，切小块备用。

② 鲜百合洗净，掰成小瓣。

③ 枸杞提前洗净，泡发备用。

④ 锅中放入清水，煮开后加入马蹄和冰糖，转小火。

⑤ 再次煮开后关火，放入枸杞和鲜百合。

百香果雪梨茶

材料：百香果1个，梨1个，蜂蜜适量

做法：

① 梨洗净，切小块，加500毫升水煮开。

② 百香果切开取果肉，加入梨水中。

③ 待梨水温度下降后，调入适量蜂蜜。

营养贴士：百香果富含多种维生素和氨基酸，被称为“VC之王”。且百香果的味道具有多种水果的混合香气，酸甜开胃，搭配蜂蜜和雪梨，对孕早期的妊娠反应起到缓解作用，孕晚期饮用，也可起到通便的功效。

核桃红枣豆浆

材料：黄豆 50 克，核桃仁 20 克，红枣 3 颗。

做法：

① 干黄豆提前一天用冷水泡发。红枣洗净去核。

② 将泡好的黄豆、核桃仁和红枣肉放入豆浆机内，加入 800 毫升清水。

③ 选择豆浆功能，等待程序完成。

④ 用滤网过滤掉残渣部分。

Tips：如果没有豆浆机，也可以将所有材料用食品料理机加入清水打碎成浆，过滤后煮开即可。

金橘柠檬茶

材料：金橘500克，柠檬1个，冰糖120克。

做法：

① 金橘清洗干净，控干水分，每个切成5片，剔除籽。

② 柠檬切薄片。

③ 锅中放入金橘片及200毫升清水，大火煮开后加入冰糖，转小火，煮至黏稠。

④ 倒入柠檬片，再次开锅后熄火。

Tips：柠檬不宜长时间炖煮，容易破坏维生素C，所以在临近熄火时候加入，同时也能保留柠檬的鲜味。饮用时可根据个人喜好加入蜂蜜。

绿豆马蹄饮

材料：绿豆、鲜马蹄、冰糖

做法：

① 鲜马蹄洗净表面泥沙，去皮，切成小丁备用。

② 锅中倒入清水，加入洗净的绿豆煮开，转小火至绿豆开花。

③ 调入冰糖后关火，加入鲜马蹄。

柠檬蜜茶

材料：鲜柠檬 2 个、蜂蜜适量

做法：

① 瓶子刷干净晾干，要完全没有水分。

② 柠檬洗干净，切掉两端的皮，切成尽可能的薄片备用。

③ 瓶子底部先倒薄薄一层蜂蜜，然后以一片柠檬一层蜂蜜的顺序逐渐装满瓶子。

④ 密封好的瓶子放入冰箱中冷藏 3 天。

⑤ 饮用时，取出适量柠檬蜜调入温水即可。

营养贴士：柠檬含有大量维生素 C，搭配蜂蜜，酸甜可口，可以适当缓解孕吐，同时维生素也可以促进铁的吸收。

山药黑芝麻红枣露

材料：山药 1/3 段，黑芝麻 50 克，红枣 5 颗。

做法：

① 山药洗净、去皮，切成小丁，红枣去核。

②800 毫升清水加入豆浆机中，逐一放入山药、黑芝麻及红枣。

③ 选择豆浆机“米糊”功能，等待过程结束。

水果茶

材料：苹果、橙子、草莓、柠檬、蜂蜜

做法：

① 将水果切成1厘米左右的小丁。

② 放入小锅中，倒入清水，大火煮开后关火。

③ 稍微降温后倒入杯子，再调入适量蜂蜜。

Tips：水果不宜煮制时间过长，蜂蜜应该待水温降低后再加入，否则容易破坏蜂蜜内的营养。水果的选择可以按照时令季节，比如菠萝等。

水果酸奶杯

材料：奇异果、黄桃、草莓，酸奶。

做法：

① 水果洗净、去皮，切成小丁备用。

② 杯子中倒入酸奶，以一层酸奶一层水果丁的顺序摆放至满。

Tips：水果可以根据准妈妈的口味进行调换。

香蕉牛奶

材料：香蕉（中等大小）1根，牛奶200毫升。

做法：

① 香蕉去皮，切成小块。

② 放入食品料理机，倒入牛奶，搅打均匀。

营养贴士：香蕉可以起到润肠作用，防止孕期便秘及排便不畅。牛奶含有钙质及优质蛋白，准妈妈怀孕期间，由于口味的变化，原味牛奶可能不愿意饮用，可以通过加入水果的方式调整风味，让准妈妈更有食欲。

香甜玉米汁

材料：甜玉米1根

做法：

① 甜玉米剥开，用刀将玉米粒切下来备用。

② 锅中放入清水200毫升，加入玉米粒，煮开后转小火，继续煮20分钟至玉米粒熟透。

③ 将煮熟的玉米粒及煮玉米的水一同倒入食品料理机绞碎至糊状。

④ 打好的糊糊过筛后趁热饮用。可以根据个人口味调入少许白糖。

杨枝甘露

材料：芒果 2 个，椰浆粉 20 克，砂糖 20 克，西米 1 小勺，柚子 1 小瓣

做法：

① 西米洗净，放入沸水煮 10 分钟左右，期间要间断搅拌防止黏锅。关火后在锅里焖 5 分钟，捞出后用凉水冲洗备用。

② 柚子去表皮后包去白色的果瓣皮，取出柚子肉分成一粒一粒的备用。

③ 椰浆粉里加入砂糖，用温水溶解，搅拌均匀放凉。

④ 芒果少半个切小丁备用，其余的切成大块放入搅拌机，倒入调好的椰浆汁，用搅拌机充分搅碎融合。

⑤ 搅拌好的甘露汁倒入碗中，加入西米、柚子肉和芒果块。

烤栗子

材料：生栗子 500 克，色拉油 1 大勺，蜂蜜 1 勺

做法：

① 栗子反复用清水洗净，控干表面水分。

② 用刀在栗子表面切一个小口，切断栗子的表皮。

③ 倒入色拉油，搅拌栗子，让每个栗子均匀地黏上油分。

④ 烤箱 200℃预热，烤盘提前铺好锡纸，倒入栗子，放入中下层，烤制 20 分钟取出。

⑤ 蜂蜜加入 2 勺温水充分搅拌均匀，用刷子将烤好的栗子均匀刷满蜂蜜水。

⑥ 重新将栗子放入烤箱，继续烤制 5 分钟，熄火后用烤箱余温稍微焖一下。

营养贴士：栗子含有丰富的营养成分，包括糖类、蛋白质、脂肪、多种维生素和无机盐。板栗中除了含有丰富的蛋白质、糖类外，还含有钙、磷、铁、钾等矿物质及维生素 C、维生素 B_1、维生素 B_2。尤其是维生素 C、B 族维生素和胡萝卜素以及叶酸的含量比一般坚果都要高。这些营养素能促进胎儿的生长发育，预防胎儿发育不良。

紫薯糕

材料：紫薯、豆沙馅各适量

做法：

① 紫薯洗净，大火蒸半小时左右。

② 去皮，压成泥状。

③ 取适量紫薯泥，包好豆沙馅，滚圆。

④ 月饼模具中涂抹少量橄榄油，放入包好的紫薯球，用力下压后脱模。

营养贴士：紫薯口味细腻甜滑，香味浓郁。其营养丰富，富含赖氨酸和锰、钾、锌等微量元素，以及具有抗癌作用的碘、硒，属目前最为理想的健康食品。它的色素是天然的，对人体没有坏处，且丰富的膳食纤维可以改善孕妇的排便困难，可适量食用。